essentials

essentials liefern aktuelles Wissen in konzentrierter Form. Die Essenz dessen, worauf es als „State-of-the-Art" in der gegenwärtigen Fachdiskussion oder in der Praxis ankommt. *essentials* informieren schnell, unkompliziert und verständlich

- als Einführung in ein aktuelles Thema aus Ihrem Fachgebiet
- als Einstieg in ein für Sie noch unbekanntes Themenfeld
- als Einblick, um zum Thema mitreden zu können

Die Bücher in elektronischer und gedruckter Form bringen das Expertenwissen von Springer-Fachautoren kompakt zur Darstellung. Sie sind besonders für die Nutzung als eBook auf Tablet-PCs, eBook-Readern und Smartphones geeignet. *essentials:* Wissensbausteine aus den Wirtschafts-, Sozial- und Geisteswissenschaften, aus Technik und Naturwissenschaften sowie aus Medizin, Psychologie und Gesundheitsberufen. Von renommierten Autoren aller Springer-Verlagsmarken.

Weitere Bände in der Reihe http://www.springer.com/series/13088

Röbbe Wünschiers

Gentechnik

Gene lesen, schreiben und editieren

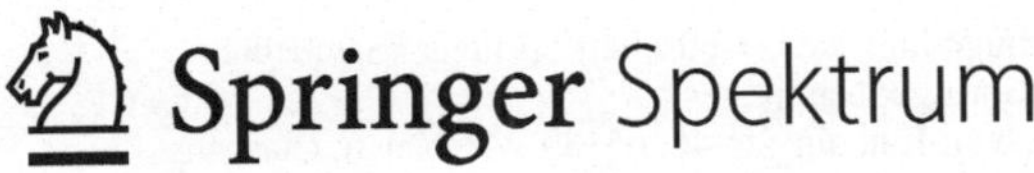 Springer Spektrum

Röbbe Wünschiers
Hochschule Mittweida
Mittweida, Deutschland

ISSN 2197-6708   ISSN 2197-6716   (electronic)
essentials
ISBN 978-3-658-25126-0   ISBN 978-3-658-25127-7   (eBook)
https://doi.org/10.1007/978-3-658-25127-7

Die Deutsche Nationalbibliothek verzeichnet diese Publikation in der Deutschen Nationalbibliografie; detaillierte bibliografische Daten sind im Internet über http://dnb.d-nb.de abrufbar.

Springer Spektrum

Springer Spektrum ist ein Imprint der eingetragenen Gesellschaft Springer Fachmedien Wiesbaden GmbH und ist ein Teil von Springer Nature.
Die Anschrift der Gesellschaft ist: Abraham-Lincoln-Str. 46, 65189 Wiesbaden, Germany

Was Sie in diesem *essential* finden können

- Einen Einblick darin, was es bedeutet, das Erbgut des Menschen lesen und verändern zu können.
- Einen Überblick darüber, wie genetische Information vermarktet werden kann und wie die Umwelt- sowie Lebenseinflüsse auf sie wirken.
- Einen Ausblick darauf, wie das Schreiben von Erbinformation die Biotechnologie revolutionieren soll und wie jedermann daran mitarbeiten kann.

Vorwort

Liebe Leserinnen und Leser[1]

So wie die Gentechnologie unseren Lebensalltag revolutioniert (hat) und die Wissenschaft in Daten zu ertrinken droht, so revolutioniert das Internet, für viele sicherlich spürbarer, ebenfalls unseren Lebensalltag. Eigentlich könnte man über alles informiert sein, allein, es fehlt an der Zeit und manchmal auch am richtigen Zugang. Mit diesem *essential* möchte ich einen kleinen Einblick in die faszinierende und umstrittene Welt der Gentechnik bieten. Kant fragt: Was kann ich wissen? – Was soll ich tun? – Was darf ich hoffen? – Was ist der Mensch? – Zur ersten Frage möchte ich hiermit beitragen. Die zweite Frage müssen Sie für sich entscheiden – und vermutlich von Fall zu Fall, denn wir müssen in Farben denken und argumentieren lernen, nicht schwarz-weiß. Ich hoffe, dass Sie sich bei Ihren Gedanken zur Gentechnik nicht von Ideologien und Fehden leiten lassen, sondern von einer geistreichen Abwägung zwischen Nutzen und Risiken. Auch hoffe ich, dass Sie Ihre Entscheidungen immer wieder auf den Prüfstand stellen. Ja, der *Homo sapiens,* er ist ein Weiser, aber auch ein Bastler und zwar einer mit einem größeren ökologischen Fußabdruck *(ecological footprint)* als ein Sauropode, welcher allerdings ebenfalls viel Treibgas freigesetzt hat[2].

---

[1]Um den Lesefluss nicht zu beeinträchtigen wird im folgenden Text zwar meist die männliche Form genannt, stets aber die weibliche Form gleichermaßen mitgemeint.

[2]Wilkinson DM, Nisbet EG, Ruxton GD (2012) Could methane produced by sauropod dinosaurs have helped drive Mesozoic climate warmth? Curr Biol 22:R292–R293.

Zum Inhalt

Dieses *essential* soll als Einführung für eine zeitgemäße öffentliche Diskussion zur Gentechnik und ihrer Anwendung dienen[3]. Es ist weniger essentiell als vielmehr eine Essenz. Es beinhaltet knapp 11.000 Wörter. Ein durchschnittlicher Leser liest 300 Wörter pro Minute. Der Rest ist Hirnjogging. Dieses Buch wird von einer Webseite auf *gene-genome-gesellschaft.de* begleitet, wo auch die verwendete Literatur verlinkt ist.

Worum es geht

Die Gentechnik hat die Öffentlichkeit erreicht – und das nicht nur in Form von Produkten etwa der Pharma-, Lebens- und Waschmittelindustrie, sondern auch als Politikum. Spätestens seit der Meldung 2018, dass in China gentechnisch veränderte Zwillinge geboren wurden oder der Ankündigung 2017, dass der Bayer Konzern das Saatgut- und Pflanzenschutzmittel-Unternehmen Monsanto kauft, kennt so ziemlich jeder wenigstens zwei Anwendungen der Gentechnik: die Gentherapie, im genannten Fall sogar an Embryonen, und das Design glyphosatresistenter Roundup Ready® Pflanzen. Die Auseinandersetzung mit der Gentechnik hat sich in den Zeitungen vom Wissenschaftsteil in die Politik- und Wirtschaftsressorts und sogar in das Feuilleton ausgeweitet. Und das ist sehr gut.

Dennoch scheint mir die öffentliche Diskussion zur Gentechnik an mancherlei zu kranken. So basiert sie häufig auf alten Bildern und Methoden und wird meist schwarz-weiß geführt. Auch muss streng zwischen der Technik selbst, ihrer Anwendung sowie ihrer Vermarktung getrennt werden. Allzu oft wird auch vernachlässigt, wie stark die Gentechnik bereits unser Alltagsleben durchdringt und durchdringen wird. Denn obwohl die Gentechnik schon tief in unserem Konsumalltag verwurzelt ist, wird die nahe Zukunft noch viel persönlichere Kontakte zur Gentechnik bieten: Soll ich mich einer Gentherapie unterziehen; soll ich meinen verstorbenen Hund klonen; soll ich meinem Nachwuchs durch gezielte Auswahl meiner Ei- oder Samenzellen selektieren?

Röbbe Wünschiers

---

[3]Der Autor ist dankbar, dass Teile der Recherche durch Mittel des vom Bundesministerium für Forschung und Bildung geförderten Programms „Innovative Hochschule", Teilprojekt Saxony[5] ermöglicht wurden.

Inhaltsverzeichnis

Einführung 1

Wir leben im Zeitalter der DNA[1], der Desoxyribonukleinsäure. Das ist der komplizierte chemische Name für das Trägermolekül der Erbinformation, welches den Bauplan einer jeden Zelle vom Bakterium bis zu Pflanze, Tier und Mensch enthält. Im Jahr 2018 wurde die **DNA** sogar offiziell als Emojis aufgenommen und kann so Tweets, Posts und andere Nachrichten grafisch bereichern. Die DNA ist ein Makromolekül, das aus einer Abfolge (Sequenz) von Bausteinen, den **Nukleotiden,** aufgebaut ist. Im Falle des Menschen sind es rund 3,2 Mrd. Nukleotide. In Zellen ist die Erbinformation auf mehrere Chromosomen aufgeteilt. Jede menschliche Körperzelle enthält je 23 **Chromosomen** vom Vater und von der Mutter. Würde man die DNA der 46 Chromosomen einer einzelnen menschlichen Zelle zu einem Faden verbinden, dann hätte dieser eine Länge von etwa zwei Metern. Die DNA aller Zellen eines Menschen würde rund viermal von der Erde zur Sonne und zurück reichen. Mit rund neun Milliarden Kilometern entspricht das in etwa der Bahn des Planeten **Saturn** um die Sonne. Auf den Chromosomen ist die Erbinformation auf **Gene** verteilt. Die Gesamtheit aller Gene eines Lebewesens bezeichnen wir allgemein als **Genom** oder individuell als **Genotyp.** Ein Gen kann als ein genetisches Informationspaket verstanden werden, das für ein Merkmal codiert, zum Beispiel für die Blutgruppe. Die Gesamtheit aller Merkmale eines Lebewesens macht seinen **Phänotyp,** sein Erscheinungsbild, aus. Da es beispielsweise mehrere Blutgruppen gibt (0, A, B, AB), muss es mehrere Varianten des verantwortlichen Gens geben, die wir als **Allele** bezeichnen.

---

[1]Im Deutschen schreibt man eigentlich DNS, wobei das S für Säure steht, anstelle des A für *acid* (engl. Säure). Aber die englische Version hat sich weitgehend durchgesetzt, sogar in Frankreich, wo es sonst ADN, *acide désoxyribonucléique,* hieße.

© Springer Fachmedien Wiesbaden GmbH, ein Teil von Springer Nature 2019   1
R. Wünschiers, *Gentechnik,* essentials,
https://doi.org/10.1007/978-3-658-25127-7_1

Von jedem Gen tragen wir ein mütterliches und ein väterliches Allel. An manchen Merkmalen, wie beispielsweise der Augenfarbe, sind viele Gene beteiligt. Die Grundlage jeder diagnostischen Analyse und gentechnischen Arbeit ist ein tief gehendes Verständnis davon, welche Funktion ein bestimmter Abschnitt im Erbgut hat. In den Anfängen war dies nur sehr grob möglich. Sogenannte genetische Marker wurden mit phänotypischen Erscheinungsbildern wie Krankheiten oder anderen Eigenschaften in Verbindung gebracht. Diese Marker waren zunächst keine Nukleotidabfolgen (DNA-Sequenzen), sondern eher physikalische Beobachtungen, etwa dass die DNA nach Behandlung mit einem DNA-schneidenden Enzym (Restriktionsenzym) in unterschiedlich große Fragmente zerfällt. Die Größe und Verteilung der Fragmente konnten gemessen und mit Merkmalen korreliert werden. Heute können wir das gesamte Erbgut (die **DNA-Sequenz**) eines Lebewesens, vom Bakterium bis zum Menschen, lesen (siehe Kap. 2).

Eng verbunden mit der DNA-Sequenzierung ist auch der Wunsch, die DNA-Sequenz gezielt zu verändern. Entsprechende Methoden existieren seit den Anfängen der Gentechnik in den 1970er Jahren. Sie wurden mit der Zeit immer genauer. Den gegenwärtigen Höhepunkt bildet das in den 2000er Jahren zur Anwendung gebrachte CRISPR/Cas-System, das als Genschere oder **Genchirurgie** in aller Munde ist und mit dessen Hilfe sich das Erbgut gezielt verändern, editieren lässt (siehe Kap. 3). Aber schon heute ist Gentechnik aus unserem Lebensalltag nicht mehr wegzudenken. Es gibt sehr offensichtliche Anwendungen, etwa wenn auf einer Lebensmittelverpackung vermerkt ist, dass gentechnisch verändertes Sojaöl enthalten ist. Kenner der Lebensmittelbranche schätzen, dass bei rund 70 % der im Handel befindlichen Lebensmittel eine nicht kennzeichnungspflichtige Anwendung der Gentechnik eine Rolle spielt. Neben zufälligen und technisch unvermeidbaren Spuren zugelassener gentechnisch veränderter Organismen (GVO) sind dies vor allem **Zusatzstoffe** wie Vitamine, Aminosäuren, Enzyme und andere Hilfsstoffe, die mit Hilfe von gentechnisch veränderten Mikroorganismen hergestellt werden. Kaum ein Fruchtsaft kommt ohne optimierte und gentechnisch produzierte Enzyme aus. Dies gilt gleichermaßen für Medikamente oder Zusatzstoffe in Waschmitteln oder Zahnpasta.

Das methodische Repertoire klassischer Pflanzenzüchtung umfasst unter anderem die **somatische Hybridisierung.** Diese Form der „Zellkreuzung" ist auch über Gattungsgrenzen hinweg möglich. Das Ergebnis kann beispielsweise eine Tomoffel (eine Kreuzung von Tomate und Kartoffel) oder eine virusresistente Spargelsorte sein. Diese Form der Fusion zweier Genome fällt nicht unter die Gentechnikregulierung. Neueste Methoden gehen aber noch weiter. Im Jahr 2010 präsentierte ein Team von Wissenschaftlern um den US-amerikanischen Biochemiker Craig **Venter** den ersten Organismus, dessen Erbgut weitestgehend chemisch im

Labor hergestellt und in einer anderen Zelle *„gebootet"* wurde. Damit sind wir nun auch in der Lage, Erbinformation im großen Maßstab zu schreiben (siehe Kap. 4). Die im Zuge dieses Verfahrens entwickelten Methoden kennzeichnen den Beginn einer neuen Ära in der Gentechnik, die in Wissenschaftskreisen als **synthetische Biologie** bekannt ist, von der die Gesellschaft aber noch keine große Notiz genommen hat.

Erbgut lesen 2

Die DNA-Sequenzierung mit der von Frederick **Sanger** in den 1970er Jahren entwickelten Methode ist ein wichtiger Baustein, der die Gentechnik vorantrieb. Die **Sanger-Sequenzierung** (auch Strangabbruch-Methode genannt) ist die Sequenziermethode der **ersten Generation.** Während man in der Anfangsphase rund 10.000 Nukleotide pro Tag und Gerät analysieren konnte, waren es mit modernen **Kapillarsequenziergeräten** der 2000er Jahre etwa eine Million Nukleotide. Die Sanger-Sequenzierung war auch deshalb 30 Jahre auf dem Markt vorherrschend, weil sie bis vor kurzem mit ca. 800 Nukleotiden die größte Leselänge ermöglichte. **800 Nukleotide?** Das menschliche Genom beinhaltet aber 3,2 Mrd. Nukleotide. Wie kann das gehen? Stellen wir uns das Erbgut als ein Buch vor. Mit der Sanger-Sequenzierung können die ersten 800 Zeichen in rund drei Stunden gelesen werden. In weiteren drei Stunden die nächsten 800 Zeichen und so weiter. Um schneller zu sein, zerschneiden wir das Buch in viele Schnipsel von je 800 Zeichen und können diese parallel in drei Stunden lesen. Aber woher weiß man am Ende, welche Zeichenfolge auf welche Zeichenfolge folgt? Gar nicht! Daher braucht man mindestens zwei Bücher, die jeweils an unterschiedlichen Stellen zerschnipselt werden. Zum Beispiel ein Buch ab Zeichen 1 alle 800 Zeichen und ein anderes Buch ab Zeichen 200 alle 800 Zeichen. Dann erhalten wir überlappende Schnipsel und können die Zeichenfolge des ursprünglichen Buches rekonstruieren. So funktioniert Genomsequenzierung. Die vielen Sequenzfragmente à 800 Nukleotiden (*Reads*) müssen zum Gesamtgenom zusammengefügt, assembliert, werden. Dieses *Assembly* ist ein wichtiger Schritt und funktioniert umso besser, je länger die analysierte Sequenz ist und umso mehr Genomkopien sequenziert werden. Wenn also davon die Rede ist, dass ein Genom sequenziert wurde, wurden in Wirklichkeit meistens mehr als 20 Kopien analysiert.

© Springer Fachmedien Wiesbaden GmbH, ein Teil von Springer Nature 2019
R. Wünschiers, *Gentechnik*, essentials,
https://doi.org/10.1007/978-3-658-25127-7_2

Im Jahr 1996 entwickelte der schwedische Biochemiker Pål **Nyrén** von der Königlichen Technischen Hochschule in Stockholm gemeinsam mit seinem Doktoranden Mostafa **Ronaghi** die sogenannte **Pyrosequenzierung.** Sie hat nichts mit einem Feuerwerk zu tun, sondern viel mehr damit, dass das Molekül Pyrophosphat (auch Diphosphat genannt) detektiert wird. Pyrophosphat wird freigesetzt, wenn die DNA-Polymerase – wie bei der Sanger-Sequenzierung, auch hier die Grundlage der Sequenzanalyse – aktiv ist. Über mehrere enzymatische Schritte wird daraufhin ein Lichtsignal freigesetzt. Das Revolutionäre an dieser Technologie der **zweiten Generation** ist die massive Parallelisierung und Beschleunigung des Leseprozesses. So erhält man mit der Pyrosequenzierung fast in Echtzeit das Ergebnis. Aber: Die Länge der gelesenen DNA-Sequenzen *(Reads)* ist auf rund 100 Nukleotide begrenzt. Es hängt von der wissenschaftlichen Fragestellung ab, ob diese Länge ausreicht.

Nachhaltige Geschichte in Kombination mit der Pyrosequenziertechnologie schrieb die schwedische **Firma 454** im Jahr 2008, als sie mit ihrem *Genome Sequencer FLX* Sequenzierapparat das komplette Erbgut des Mitentdeckers der DNA-Struktur und Nobelpreisträgers James **Watson**[1] analysierte und präsentierte[2]. Obwohl das Projekt durchaus auch als Werbeaktion für ihre Technologie gelten kann, zeigte 454, dass innerhalb von vier Monaten – mit einer Handvoll Wissenschaftler und etwas weniger als 1,5 Mio. US$ – ein komplettes menschliches Genom entziffert werden kann. Als die Ergebnisse des **Projekts Jim** der Öffentlichkeit präsentiert wurden, stellte Watson nur eine Bedingung: Er wollte auf keinen Fall, dass Informationen über seine Variante des *apoE*-Gens (es codiert das Apolipoprotein E, das im Fettstoffwechsel eine wichtige Rolle spielt) bekannt gegeben werden. Denn die Variante 4 dieses Gens steht mit einem frühen Einsetzen von **Alzheimer** in Verbindung – Watson war zur Zeit seiner Sequenzierung 79 Jahre alt. Man kann sagen, dass das Projekt Jim das erste große Sequenzierprojekt einer neuen Generation von Hochdurchsatz-Sequenziergeräten war – und das zweite vollständig sequenzierte menschliche Erbgut. Denn 2007 präsentierte der amerikanische Biochemiker Craig **Venter** seine Genomsequenz[3]. Die Sequenzierung erfolgte mit der Sanger-Methode auf Hochdurchsatzautomaten namens ABI 3730xl der Firma Applied Biosystems. Dieses Projekt dauerte rund sieben

---

[1]Watson JD (2011) Die Doppel-Helix. Rowohlt Verlag, Reinbek bei Hamburg.

[2]Wheeler DA, Srinivasan M, Egholm M et al. (2008) The complete genome of an individual by massively parallel DNA sequencing. Nature 452:872–876.

[3]Levy S, Sutton G, Ng PC et al. (2007) The diploid genome sequence of an individual human. PLoS Biology 5:e254.

Jahre und kostete etwa 100 Mio. US$. Auf Basis seiner genetischen Daten hat Venter ebenfalls 2007 seine **Autobiografie** publiziert – die erste Autobiographie, die Lebensereignisse mit Genvarianten in Beziehung stellt[4].

Beide Projekte machten sich zunutze, dass im Jahre 2000 ein erster Entwurf einer unvollständigen Sequenz des menschlichen Erbguts veröffentlicht worden war. Diese Daten halfen beiden Teams beim Zusammenfügen der *Reads*. Heutzutage sind über 400.000 individuelle menschliche Genome, sogar des **Neandertalers,** entziffert und die Kosten pro Genom liegen unter 1000 US$.

In den 2000er Jahren wurden zahlreiche neue Sequenziermethoden entwickelt und zur Marktreife gebracht. Die Sequenzierautomaten wurden kompakter, billiger und können mehr Nukleotide pro Zeit und Gerät analysieren. Dazu trugen vor allem Fortschritte in der Mikrofluidik bei. Moderne Sequenzierautomaten haben etwa die Größe eines Laserdruckers, kosten rund 40.000 EUR und können 100 Mrd. Nukleotide am Tag analysieren.

Ein neues Zeitalter der Genomanalyse läutete 2013 die englische Firma Oxford **Nanopore** ein, als sie während einer Konferenz in Marco Island, Florida, einen Sequenzierautomaten präsentierte, der in eine Hand passt und an den USB-Anschluss eines handelsüblichen Computers angeschlossen werden kann: der MinION. Dieser Sequenzierautomat der **dritten Generation,** der seit 2014 auf dem Markt ist, basiert auf Poren in einer Membran, durch welche das DNA-Molekül hindurchgezogen wird. Dies ist verbunden mit einer Änderung des Stromflusses durch die Pore, was wiederum gemessen wird. Das Revolutionäre ist zum einen die Kompaktheit des Gerätes und zum anderen – und das ist das Besondere –, dass Sequenzen von mehreren Zehntausend Nukleotiden gelesen werden können. Die mobile Sequenzierung mit Nanoporen wird nicht nur die Gendiagnostik revolutionieren. Schon jetzt kann mit der Methodik **RNA** und in Zukunft können sicher auch **Proteine** analysiert werden. Mittels der Nanoporentechnologie könnten dann einzelne Proteine oder Proteinveränderungen (posttranslationale Modifikationen) identifiziert und DNA-Protein-Wechselwirkungen analysiert werden. Dadurch, dass mit dem MinION ein Handgerät zur Verfügung steht, müssen biologische Proben nicht mehr zu einem Dienstleister gesendet, sondern können in Echtzeit vor Ort (am Krankenbett, im Gelände, etc.) analysiert werden.

---

[4]Venter JC (2009) Entschlüsselt: mein Genom, mein Leben. Fischer Verlag, Frankfurt am Main.

Es ist sehr gut vorstellbar, dass in naher Zukunft kleine Sequenzierautomaten in Lernbaukästen für Kinder im Spielzeuggeschäft verkauft werden. Eine Aussicht, die uns im Kap. 7 noch beschäftigen wird.

Faszinierend sind die Erkenntnisse, welche wir aus dem Lesen der Erbinformation auch längst verstorbener Lebewesen gewinnen können. Pionierarbeit auf diesem Gebiet der **Paläogenetik** (Genetik auf Basis alter, engl. *ancient,* DNA) leistet der schwedische Evolutionsgenetiker und Direktor am Max-Planck-Institut für evolutionäre Anthropologie in Leipzig Swante Pääbo[5]. Er entwickelte das methodische Rüstzeug, um DNA aus altem biologischem Material wie Mumien oder Knochenfunden zu isolieren und zu sequenzieren. Große Aufmerksamkeit erlangte die Paläogenetik mit der Veröffentlichung eines Großteils der DNA-Sequenz eines mindestens 35.000 Jahre alten **Neandertalers** und eines mindestens 30.000 Jahre alten **Denisova-Menschen** im Jahr 2010. Die Ergebnisse der Sequenzanalyse brachten neues Licht in die Evolutions- und Migrationsgeschichte des modernen Menschen. Rund vier bis sieben Prozent Neandertaler- bzw. Denisovaner-DNA in unserem Erbgut erzählen eine eigene Geschichte von mehr oder weniger romantischen Abenden zwischen *Homo sapiens* und *Homo neanderthalensis* am Lagerfeuer. Erst jüngst wurde das Genom eines vor über 50.000 Jahren verstorbenen Mädchens analysiert, aus dem sich erkennen ließ, dass ihre Mutter eine Neandertalerin und ihr Vater ein Denisovaner war[6]. Auch das Genom des 1991 in den Ötztaler Alpen entdeckten „Mannes aus dem Eis", besser bekannt als **Ötzi,**[7] wurde entschlüsselt und 2012 der Öffentlichkeit präsentiert. Das mindestens 5300 Jahre alte Erbmaterial aus der Kupferzeit erzählt uns beispielsweise etwas über die geografische Herkunft seiner Vorfahren (Korsika), seine Augenfarbe (braun), seine Blutgruppe (O), eine erlebte Borrelien-Infektion, seine Laktoseintoleranz und eine Veranlagung für die Erkrankung seiner Herzkranzgefäße. Wie ist das alles möglich?

Einen entscheidenden Beitrag im Sinne der Diagnostik leisten die sogenannten **Assoziationsstudien,** in denen untersucht wird, welche genetische Information mit welchem Krankheitsbild in Verbindung steht. Diese Zusammenhänge können sehr einfach sein: eine Mutation in einem Gen ist für eine Erkrankung verantwortlich. Derzeit sind über 2700 solcher **monogenischen** Erkrankungen

---

[5]Pääbo S (2015) Die Neandertaler und wir. Fischer Verlag, Frankfurt am Main.

[6]Slon V, Mafessoni F, Vernot B et al. (2018) The genome of the offspring of a Neanderthal mother and a Denisovan father. Nature 561:113–116.

[7]Fleckinger A (2018) Ötzi, der Mann aus dem Eis. Folio Verlag, Bozen.

bekannt. Dennoch ist die Lage meistens schwieriger, da es von solchen Genen mehrere genetische Varianten (**Allele**) gibt. Die **zystischen Fibrose** (oder Mukoviszidose, eine Erkrankung, die sich durch zähflüssige Körpersekrete auszeichnet) ist etwa eine monogenische Erkrankung, von der in Deutschland jedes 2000ste Neugeborene betroffen ist. Aber von dem verantwortlichen Gen namens CFTR *(cystic fibrosis transmembrane conductance regulator)* sind über 1000 Varianten bekannt. Es ist rund 250.000 Nukleotide lang und codiert für ein Protein von 1480 Aminosäuren Länge. Da ist viel Platz für Mutationen. Die meisten Erkrankungen sind aber **polygenisch** und werden folglich von mehreren Genen verursacht oder in ihrer Ausprägung beeinflusst. Auch die Art der Mutation in den Genen beziehungsweise Allelen kann vielfältig sein und von Verdopplungen, über Einfügungen oder dem Fehlen von Nukleotiden bis hin zu einfachen Nukleotidaustauschen, den oben genannten SNPs, reichen. Von den 3,2 Mrd. Nukleotiden im menschlichen Genom ist von über 320.000 Positionen, die klinisch getestet wurden, bekannt, dass sie mit Krankheiten in Verbindung stehen. Es würde also ausreichen, diese 320.000 Positionen im Erbgut zu analysieren, um Aussagen über den Gesundheitszustand und das Erkrankungsrisiko treffen zu können. Im Zeitalter der Selbstvermessung und -optimierung generiert das natürlich einen Markt.

Die 2006 gegründete amerikanische Firma **23andMe** bietet jedermann für 169 EUR eine genetische Erbgutanalyse an. Nach dem Einsenden einer Speichelprobe wird diese seitens der Firma genutzt, um aus den Mundspeichelzellen DNA zu isolieren und zu sequenzieren. Auch wenn es nicht explizit angegeben ist, so kann doch davon ausgegangen werden, dass nur bestimmte Bereiche des Erbguts sequenziert werden. Anhand dieser Sequenzdaten erhält der Kunde: a) einen **Abstammungsbericht** inklusive seiner Verwandtschaft zum Neandertaler, b) einen Bericht über Gesundheitsrisiken wie beispielsweise für Brustkrebs und Parkinson, c) einen **Wellnessbericht,** unter anderem mit einem genetisch vorhergesagtem Optimalgewicht (das sogenannte genetische Gewicht) oder dem Vorliegen einer Laktoseintoleranz, d) einem Zustandsbericht zu 30 unterschiedlichen phänotypischen Eigenschaften wie der Beschaffenheit des Ohrenschmalzes, der Augenfarbe oder der Tendenz zum Früh- oder Spätaufsteher und e) einem **Erbkrankheitsträgerstatus** bezüglich 43 Krankheiten wie der Sichelzellanämie. Das Brisante an der privaten Genomanalyse ist, dass der Kunde mit den Daten, die er auf seiner persönlichen Webseite abruft, alleine gelassen ist. Dies verstößt gegen das deutsche Gendiagnostikgesetz, wonach nur ein Arzt mit nachgewiesener Sachkunde dem Patienten die Befunde eröffnen darf und erklären muss. Und dies hat seinen Grund: So hat beispielsweise der genetische Nachweis von Chorea Huntington (einer erblichen Erkrankung des Gehirns) eine hohe Vorhersagekraft, während eine nachgewiesene Mutation im mit Brustkrebs in Verbindung stehendem BRCA1-Gen nur eine geringe Vorhersagekraft in Bezug auf das Ausbrechen der Krankheit hat. Dies liegt daran, dass häufig nicht nur eine, sondern mehrere genetische Komponenten oder sogar epigenetische und Umweltfaktoren (siehe Kap. 6) eine Rolle spielen.

Das **Gendiagnostikgesetz** ist 2010 in Kraft getreten und regelt *„genetische Untersuchungen zu medizinischen Zwecken, zur Klärung der Abstammung, sowie im Versicherungsbereich und im Arbeitsleben"*. Es werden durch das Gesetz die Voraussetzungen für genetische Analysen und die Verwendung der daraus gewonnenen Daten geregelt. Dies soll dazu dienen, *„eine Benachteiligung auf Grund genetischer Eigenschaften zu verhindern"* und *„die staatliche Verpflichtung zur Achtung und zum Schutz der Würde des Menschen und des Rechts auf informationelle Selbstbestimmung zu wahren"*. Dabei unterscheidet das Gesetz zwischen diagnostischen und prädiktiven (vorhersagenden) genetischen Untersuchungen. Eine **diagnostische Untersuchung** dient zur Abklärung einer vorliegenden Krankheit oder gesundheitlichen Störung sowie zur Feststellung von genetischen Eigenschaften, die zusammen mit anderen Einwirkungen (etwa durch die Wechselwirkung mit Medikamenten) den Eintritt einer Krankheit oder Störung auslösen können. Eine solche Untersuchung darf nur von Ärzten durchgeführt und das Ergebnis nur von Ärzten bekannt gegeben werden. Eine **prädiktive Untersuchung** dient der Abklärung einer möglicherweise zukünftig auftretenden Krankheit oder gesundheitlichen Störung sowie zur Abklärung des Vorhandenseins einer genetischen Anlage, die an Nachkommen weitervererbt werden könnte. Prädiktive genetische Untersuchungen dürfen ausschließlich durch Fachärzte für Humangenetik oder Ärzte, die sich speziell für humangenetische Untersuchungen qualifiziert haben, durchgeführt werden. Zudem muss der Patient der genetischen Untersuchung zustimmen und zuvor umfassend, auch über die Bedeutung für sein zukünftiges Leben, aufgeklärt werden. Der große Unterschied zwischen der aktuell vorherrschenden, auf bestimmte Messwerte fokussierten Diagnostik und der Genomanalyse (und auch der Transkiptomanalyse; siehe unten) ist die erzeugte Dichte der Informationen über einen Patienten. Damit stellt eine genomweite Analyse keinen punktuellen, sondern einen andauernden Eingriff in **Informationsrechte** dar, da aus den gespeicherten genetischen Daten nach und nach immer mehr Informationen gewonnen werden können. Dies gilt unabhängig davon, ob die Sequenzierung einen diagnostischen (akuten) oder einen prädiktiven Grund hatte. Hier gilt es aufzuklären, dass der Patient möglicherweise Dinge über sein Erbgut lernt, die ihn mehr verunsichern denn helfen.

Wurden bislang in der Diagnostik einzelne Gene, Abschnitte von Genen oder ganze Genome analysiert, also DNA, so geht der neueste Trend in Richtung

RNA. Mit der **RNA-Diagnostik** (oder Transkriptom-Diagnostik, auch RNA-Seq genannt) wird untersucht, welche Gene aktiv sind. Es ist also der „lebendige" Teil des Erbguts. Diese Form der Diagnostik kann für einzelne Gene aber auch für das gesamte Genom durchgeführt werden. Während die von der Zelle abgelesene Information eines einzelnen Gens als Transkript bezeichnet wird, wird die Gesamtheit aller Transkripte in einer Zelle Transkriptom genannt. Zwei 2017 veröffentlichte Studien konnten zeigen, dass mit der Methode der Transkriptomsequenzierung Erkrankungen diagnostiziert werden konnten, die mit der genetischen Standarddiagnostik nicht identifiziert wurden. Zudem wurden neue Kandidatengene für die jeweiligen Erkrankungen gefunden. Mithilfe solcher zusätzlichen Informationen kann ein diagnostischer Test mit wachsenden Untersuchungszahlen schrittweise verbessert werden.

In beiderlei Sinne, diagnostisch und prädiktiv, lässt sich auch die vorgeburtliche (pränatale) Erbgutanalyse durchführen. Diese Form der Diagnostik hat sich in den vergangenen Jahren rasant entwickelt, was nicht zuletzt mit der Zunahme an künstlichen Befruchtungen zu tun hat. Louise **Joy Brown** wurde am 25. Juli 1978 geboren und als erster Mensch mithilfe einer **In-vitro-Fertilisation** (IVF) gezeugt. Das erste mithilfe der IVF gezeugte deutsche Kind kam am 16. April 1982 auf die Welt. Die Anzahl der In-vitro-Fertilisationen hat sich in Deutschland von 742 Behandlungen im Jahr 1982 auf rund 90.000 abgeschlossene Behandlungen im Jahr 2016 vervielfacht. In über der Hälfte der Fälle wird dabei der männliche Samen in die Eizelle mit einer Art Spritze injiziert; bei rund einem Viertel war der Samen zuvor eingefroren worden. Letzteres wird zunehmend Arbeitnehmerinnen von Firmen wie Apple oder Facebook angeboten: das Einfrieren ihrer Eizellen, um in Zukunft, nach einer erfolgreichen Karriere und Etablierung im Unternehmen (oder besser einem anderen?), dem Kinderwunsch nachzugehen. Dieses Verfahren nennt sich **Social Freezing** und ist in Deutschland, im Gegensatz zur Eizellspende, nicht verboten. Für Frauen mit Kinderwunsch nach den Wechseljahren ist es eine legale Möglichkeit, ein Kind zu zeugen. Im Jahr 2015 gebar eine 65-jährige pensionierte Berlinerin nach einer künstlichen Befruchtung Vierlinge. Schon allein die Zahl Vier zeigt, dass die Einpflanzung der befruchteten Eizellen nicht in Deutschland stattgefunden hat, hier ist die Zahl auf maximal drei Embryonen beschränkt, sondern in diesem Fall in der Ukraine. Und auch das wäre in Deutschland nicht möglich: sowohl Samen als auch Eizelle stammten von Spendern.

Wenn aber der Befruchtungsvorgang aus medizinischer Notwendigkeit schon aus dem Körper heraus in ein Labor verlagert werden muss, dann ist die Barriere, weitere medizinische Dienstleistungen anzunehmen, häufig geringer. Denn wenn man schon die körperlich und oft auch seelisch belastende Prozedur der

Ei- und Samenzellentnahme über sich ergehen lassen muss, dann möchte man den Reproduktionserfolg auch maximieren. Die Entscheidung über eine Abtreibung könnte mit einem genetischen Test ja auch früh getroffen werden – im Extremfall sogar vor der Befruchtung.

Im Bereich der vorgeburtlichen Diagnostik von Embryonen und Föten ist zwischen der Analyse während der Schwangerschaft (**Pränataldiagnostik**) und der Untersuchung im Rahmen der Reproduktionsmedizin, also vor einer eventuellen Übertragung eines Embryos in die Gebärmutter (Präimplantationsdiagnostik), zu unterscheiden. Die Pränataldiagnostik richtet sich ebenso wie die genetische Untersuchung geborener Menschen nach dem Gendiagnostikgesetz und bestimmt daher, dass eine genetische Analyse *„nur zu medizinischen Zwecken und nur vorgenommen werden* [darf], *soweit die Untersuchung auf bestimmte genetische Eigenschaften des Embryos oder Fötus abzielt, die nach dem allgemein anerkannten Stand der Wissenschaft und Technik seine Gesundheit während der Schwangerschaft oder nach der Geburt beeinträchtigen, oder wenn eine Behandlung des Embryos oder Fötus mit einem Arzneimittel vorgesehen ist, dessen Wirkung durch bestimmte genetische Eigenschaften beeinflusst wird"*. Die Schwangere wiederum muss aufgeklärt werden und der Untersuchung einwilligen. Eine Untersuchung in Bezug auf eine Krankheit, die nach dem anerkannten Stand der Wissenschaft erst nach Vollendung des 18. Lebensjahres ausbrechen kann, ist hingegen nicht erlaubt.

Im Gegensatz dazu ist die **Präimplantationsdiagnostik** nicht im Gendiagnostikgesetz geregelt. Im Jahr 2011 wurde aber eine Regelung über das **Embryonenschutzgesetz** vorgenommen. Darin steht die Präimplantationsdiagnostik unter Strafe und ist nur in besonderen Ausnahmefällen erlaubt. Dies betrifft zum einen Fälle, in denen aufgrund der genetischen Veranlagung eines oder beider Elternteile für Nachkommen ein hohes Risiko einer schwerwiegenden Erbkrankheit besteht. Eine schwerwiegende Erbkrankheit liegt nach Ansicht des Gesetzgebers vor, wenn sich die Krankheit *„durch eine geringe Lebenserwartung oder Schwere des Krankheitsbildes und schlechte Behandelbarkeit von anderen Erbkrankheiten wesentlich unterscheide[t]"*.

Eine genetische Untersuchung der Keimzellen vor der Befruchtung ist gegenwärtig nur eingeschränkt möglich. Bei der sogenannten **Polkörperdiagnostik** wird das Erbgut der Polkörperzelle untersucht, welches dem der Eizelle sehr ähnlich ist – aber eben nicht identisch. Da Samen- beziehungsweise Eizellen bei einer genetischen Analyse nach Stand der Technik zerstört werden, ist eine präzise **Präfertilisationsdiagnostik** derzeit nicht möglich. Dies wird sich aber vermutlich bald ändern. Verschiedene Forschungsgruppen verzeichnen erste Erfolge bei der Erzeugung von Keimzellen aus Vorläuferzellen. Wenn diese im Labor vervielfältigt (geklont) werden könnten, wäre eine präzisere Diagnostik möglich. Was wären denkbare Auswirkungen? Bei einem genetischen Test vor der Befruchtung käme es gegebenenfalls zu einer Selektion von Samen- und Eizellen. Was sind oder wären die Kriterien? Wie trennen wir eine schwere Krankheit, die eine **Selektion** erlauben würde, von einer Krankheit, die allenfalls Unbehagen verursacht? Wie ist mit den Wahrscheinlichkeiten umzugehen, mit denen eine genetische Information auch tatsächlich im Laufe des Lebens des Nachkommens wirksam wird? In den USA kann man sich Samenzellen schon per Katalog aussuchen: etwa von Nobelpreisträgern, von Blauäugigen oder von erfolgreichen Sportlern. Wie steht es mit der **Intelligenz** oder, besser gesagt, der Selektion nach kognitiven Eigenschaften? Im Jahr 2017 hat eine genetische Untersuchung von 78.308 Personen 336 Nukleotidpositionen (SNPs) verteilt auf 22 Gene identifiziert, die mit kognitiven Eigenschaften in Verbindung stehen[8]. Diese SNPs stehen darüber hinaus sogar zum Beispiel mit Alzheimer, Depression, Autismus und der Lebenserwartung in Beziehung. In der Regel möchten wir unsere Kinder auf die beste Schule am Ort schicken – warum dann nicht auch dem Nachwuchs das bestmögliche Genom mit auf den Weg geben? Das mag alles sehr weit weg klingen, aber die technischen Möglichkeiten sind bereits heute vorhanden. Letztlich bieten sich aber auch nach der Geburt und im fortgeschrittenen Lebensalter Möglichkeiten, im Zuge einer Gentherapie in das Erbgut therapeutisch oder optimierend einzugreifen.

---

[8]Sniekers S, Stringer S, Watanabe K et al. (2017) Genome-wide association meta-analysis of 78,308 individuals identifies new loci and genes influencing human intelligence. Nature Genetics 49:1107–1112.

Erbgut editieren 3

Es gibt eine Vielzahl unterschiedlicher Methoden, um in das Erbgut von Lebewesen einzugreifen. Generell sind **ungerichtete Methoden,** die nach dem Zufallsprinzip entweder über ionisierende Strahlung oder über Chemikalien genetische Veränderungen hervorrufen, von spezifischen beziehungsweise **ortsgerichteten Methoden** zu unterscheiden. Letztere Verfahren gewinnen zunehmend an Interesse und sind heute bei Wissenschaftlern als *Genome Editing* oder **Genchirurgie** in aller Munde. Da man infolge der DNA-Sequenzierung und der anschließenden Aufklärung des Zusammenhangs zwischen dem Erscheinungsbild **(Phänotyp)** eines Organismus und seines Erbguts **(Genotyp)** schließen kann, ist man nicht mehr auf den Zufall angewiesen. Ganz im Gegenteil möchte man gezielt in das Genom eingreifen.

Im August 2012 publizierten die US-amerikanische Biochemikerin Jennifer **Doudna**[1] von der Kalifornischen Universität in Berkeley und die französische Mikrobiologie Emmanuelle **Charpentier,** heute Direktorin am Max-Planck-Institut für Infektionsforschung in Berlin, eine bahnbrechende Arbeit: eine Methode zur gezielten Veränderung einer spezifischen DNA-Sequenz im Erbgut[2]. Einige Monate später, im Februar 2013, publizierte der US-amerikanische Biochemiker Feng **Zhang,** wie das System auf menschliche und Mauszellen angewendet werden kann[3]. Die Methode basiert auf dem CRISPR/Cas-System und kann so präzise wie ein Skalpell am OP-Tisch im Genom Nukleotid-genaue Veränderungen

---

[1]Doudna JA, Sternberg SH (2018) Eingriff in die Evolution. Springer Verlag, Heidelberg.

[2]Jinek M, Chylinski K, Fonfara I et al. (2012) A Programmable Dual-RNA-Guided DNA Endonuclease in Adaptive Bacterial Immunity. Science 337:816–821.

[3]Cong L, Ran FA, Cox D et al. (2013) Multiplex genome engineering using CRISPR/Cas systems. Science 339:819–823.

© Springer Fachmedien Wiesbaden GmbH, ein Teil von Springer Nature 2019   15
R. Wünschiers, *Gentechnik,* essentials,
https://doi.org/10.1007/978-3-658-25127-7_3

verursachen. Daher der Name Genchirurgie oder, in Anlehnung an den genetischen Code, Genomeditierung. Heute ist klar: das System funktioniert bei jedem lebenden Organismus. Das Verfahren ist so einfach, dass es in den USA sogar als Experimentalbaukasten für 159 US$ an jedermann verkauft wird und in Schulen angewendet werden kann (siehe Kap. 7). Und zu guter Letzt: es ist keine Gentechnik – in vielen Ländern zumindest nicht, in Europa seit dem Urteil des Europäischen Gerichtshof vom 25. Juli 2018 aber doch (siehe unten).

Aber der Reihe nach. **CRISPR** steht für *clustered regularly interspaced short palindromic repeats*. Uff, was ist das? Es sind zusammenhängende *(clustered)* palindromische Sequenzen, die sich wiederholen *(repeats)*, und in gleichen Abständen *(regulary)* voneinander getrennt *(interspaced)* sind. Ein simples Palindrom ist Otto: es kann von vorne und hinten gelesen werden. In der Genetik kennzeichnet eine palindromische Sequenz, dass sie auf dem Gegenstrang der DNA in umgekehrter Richtung die gleiche Sequenz hat. Zum Beispiel liest sich die Sequenz AACGTT auf dem Gegenstrang genauso. Was hat es nun zu bedeuten, dass solche DNA-Sequenzfolgen in einem Genom vorkommen? Entdeckt wurden sie in Bakterien schon 1987, als der japanische Molekularbiologe Yoshizumi **Ishino** von der Universität Osaka in einer Veröffentlichung[4] schrieb: „*an unusual* [DNA] *structure was found*". Es war eine nebensächliche Bemerkung. Der spanische Mikrobiologe Francisco **Mojica** beschrieb 1993 diese ungewöhnliche DNA-Sequenz genauer und fand rund zehn Jahre später heraus, dass die wiederholten palindromischen Sequenzen nur die Abstandhalter *(spacer)* für DNA-Sequenzen waren, die große Ähnlichkeit mit dem Erbgut von bekannten Bakterienviren haben. Im Jahr 2002 hat der niederländische Mikrobiologe Ruud **Jansen** gemeinsam mit Mojica den Namen CRISPR vorgeschlagen. Während repetitive Sequenzen für die meisten Wissenschaftler nicht von Interesse waren, nahm die Forschung nun Fahrt auf. Der US-amerikanische Bioinformatiker Eugene **Koonin** publizierte 2006 eine umfassende Studie[5] zu CRISPR und zeigte erstmals, wie weit verbreitet sie bei Bakterien ist. Er entwickelte die Hypothese, dass es sich um ein **bakterielles Immunsystem** gegen bakterielle Viren (Phagen)

---

[4]Shinagawa H, Makino K et al. (1987) Nucleotide sequence of the *iap* gene, responsible for alkaline phosphatase isozyme conversion in *Escherichia coli*, and identification of the gene product. Journal Bacteriology 169:5429–5433.

[5]Makarova KS, Grishin NV, Shabalina SA et al. (2006) A putative RNA-interference-based immune system in prokaryotes: computational analysis of the predicted enzymatic machinery, functional analogies with eukaryotic RNAi, and hypothetical mechanisms of action. Biology Direct 1:7.

handeln könnte. Sowie unser Immunsystem sich „merkt", mit welchen Stoffen (Antigenen) es bereits in Kontakt gekommen war, so werden in der CRISPR-Region Sequenzen von Phagen hinterlegt, mit der das Bakterium oder ein Vorgänger bereits Kontakt hatte. In der Folgezeit berichteten mehrere Wissenschaftsteams, dass CRISPR-assoziierte Gene (abgekürzt **Cas**) für Proteine codieren, welche DNA-Sequenzen zerschneiden können. Es ist primär der Forschungskooperation zwischen den Gruppen um Doudna und Charpentier zu verdanken, dass der vollständige Mechanismus aufgeklärt und soweit optimiert wurde, dass er sich auf alle Lebewesen anpassen lässt. Demnach wird aus den Sequenzen der Abstandhalter ein RNA-Molekül gebildet, das dem Cas-Enzym als Vorlage dient, um im Genom an genau dieser Sequenz zu schneiden. Dieses RNA-Molekül kann synthetisch erzeugt und an jede beliebige Sequenz angepasst werden. Damit ist aus einem bakteriellen Immunsystem das zurzeit wirkungsvollste gentechnische Werkzeug geworden. Wirkungsvoller, billiger und einfacher anzupassen als zuvor eingesetzte Systeme. Es ist bemerkenswert, dass nach der Revolution der Lebenswissenschaften durch Restriktionsenzyme in den 1970er Jahren, in den 2010ern wiederum ein bakterieller Abwehrmechanismus gegen Phagen Furore macht. Herbert Boyer und Stanley Cohen haben für ihre Arbeiten (bislang?) keinen **Nobelpreis** erhalten. Es bleibt abzuwarten, wie es Jennifer Doudna, Emmanuelle Charpentier, Feng Zhang und eventuell anderen Beteiligten ergeht.

Gibt es auch Probleme? Ja, es kann vorkommen, dass das CRISPR/Cas-System Fehler macht und an anderen Stellen im Genom Änderungen induziert. Dies zu minimieren ist derzeit ein wichtiges Ziel der weltweiten Forschung. Wie intensiv an CRISPR geforscht wird, lässt sich auch an der Zahl der wissenschaftlichen Publikationen zu dem Thema ablesen: waren es von 2005 bis 2010 noch insgesamt einige Dutzend, sind es 2015 bereits rund 1500 und 2018 voraussichtlich über 5000.

Ist diese Technologie nun Gentechnik? Diese Frage ist mit einem klaren Ja zu beantworten, wenn man sich das Verfahren ansieht. In die Zielzelle muss das Werkzeug für die genetische Mutagenese eingebracht werden, also ein Cas-Enzym (meist Cas9) und das RNA-Konstrukt, welches das Enzym an die richtige DNA-Position lenkt. Dazu werden die genetischen Sequenzinformationen in einen DNA-Vektor eingebracht, der dann in die Zielzelle geschleust wird. Dieser Prozess wird bei Pflanzen und Bakterien **Transformation,** bei Wirbeltieren wie dem Menschen **Transfektion** genannt und ist ein gentechnisches Verfahren. Allerdings bleibt der Vektor immer separiert und wird nicht in das Erbgut eingebaut. Er wird lediglich exprimiert, woraufhin das CRISPR/Cas-System seine Arbeit verrichtet. In den Tochterzellen der anschließenden Zellteilung geht der DNA-Vektor dann verloren. Er wird nicht wie das Erbgut vervielfältigt und weitergegeben, sondern ist nur vorübergehend (transient) vorhanden. Man kann daher sagen, dass das Verfahren Gentechnik ist, das Produkt aber nicht. Der **Europäische Gerichtshof** konzentrierte sich in seinem Urteil aber auf das Verfahren. In diesem Urteil steckt vermutlich auch eine gewisse Hilflosigkeit, da die schwarz-weiß Betrachtung GVO/kein GVO bei dem CRISPR/Cas-System zu kurz greift. Um den neuen Technologien gerecht zu werden, müssten verschiedene Ebenen der Zulassung, verbunden mit unterschiedlichen Zulassungsverfahren, etabliert werden. Das Zulassungssystem muss genauso präzise werden wie die Gentechnik. Eine gezielte Punktmutation, bei der ein Nukleotid im Erbgut ausgetauscht wurde, kann nicht in jedem Fall mit dem Transfer eines Gens von einer Spezies in eine andere gleichgesetzt werden. Eine Mehrstufigkeit würde es auch kleineren Züchtungsfirmen oder Verbänden und Vereinen ermöglichen, GVO auf den freien Markt zu bringen; dies allein dadurch, dass einfachere Zulassungsverfahren den finanziellen Aufwand reduzieren würden (siehe Kap. 5). Unabhängig von dieser regulativ wichtigen Frage wird die Genchirurgie intensiv, unter anderem in der medizinischen und Züchtungsforschung, eingesetzt. Es herrscht Goldgräberstimmung.

Schwarz-weiß ist auch die öffentliche Wahrnehmung des Einsatzes der Gentechnik in der Landwirtschaft. Für viele Menschen schließen sich beispielsweise ökologische und konventionelle Landwirtschaft aus. Nach ökologischen Richtlinien zu wirtschaften und gentechnisches Saatgut oder verwandte Produkte anzuwenden erscheint unvereinbar. Die US-amerikanische Professorin für Pflanzenpathologie Pamela **Ronald** und ihr Ehemann Raoul **Adamchak,** Leiter einer ökologischen Studentenfarm in Davis, Kalifornien, zeigen in ihrem Buch *Tomorrow's Table*[6] auf, dass sich beide Wirtschaftsweisen – oder Philosophien? – durchaus vereinen lassen. Ein anschauliches Beispiel stammt aus dem Reisanbau. Junge Reiskeimlinge können einige Tage völlig unter Wasser überleben. Dies macht man sich im **ökologischen Reisanbau** zunutze, da das Wässern unerwünschte Begleitpflanzen erstickt. Es gilt aber den richtigen Zeitpunkt zu finden, das Wasser wieder ablaufen zu lassen, da sonst die Reiskeimlinge ebenfalls ersticken. Von Vorteil wären Reissorten, die lange untergetaucht überleben können. Pamela Ronald hat aus einer extrem „untertauchtoleranten" Reissorte ein Gen (das sogenannte *SUB1* Gen) isoliert, das mit dieser Toleranz in Verbindung steht. In eine wenig tolerante Reissorte eingebaut, konnte diese 18 Tage untergetaucht überleben. Auch in Weizen, Mais und Soja wurde das *Sub1* Gen erfolgreich getestet.

---

[6]Ronald PC, Adamchak RW (2018) Tomorrow's Table. Oxford University Press, New York.

Nun stellt sich die Frage, warum nicht gleich die tolerante Reissorte angebaut wird, anstatt das verantwortliche Gen zu isolieren und gentechnisch in andere Reissorten einzuschleusen. Das Stichwort lautet hier: Sorten. Von allen Pflanzen gibt es Sorten, die an bestimmte regionale Mikroklimate optimal angepasst sind. Daher müssen in der Pflanzenzucht immer gewünschte Eigenschaften in lokal angepasste Sorten eingekreuzt werden. Dies gelingt nicht immer und die Gentechnik bietet hier eine vergleichsweise schnelle Lösung. Daher sind die beiden Amerikaner nicht die Einzigen, die eine Chance im Zusammenwirken von Gentechnik und Biolandbau sehen. Auch das renommierte **Forschungsinstitut für biologischen Landbau** (FiBL), das 1973 in der Schweiz gegründet wurde, in Forschung, Entwicklung und Beratung für den biologischen Landbau aktiv ist und gegenwärtig europaweit rund 175 Mitarbeiter hat, sieht Chancen beispielsweise in der Anwendung der Genchirurgie im Biolandbau. Der Leiter, Professor Urs **Niggli,** zählt weltweit zu den führenden Experten auf dem Gebiet des biologischen Landbaus. Er setzt sich schon seit längerem für eine **differenzierte Diskussion** über Gentechnik ein, wofür er viel Kritik von Ökoverbänden einstecken musste. In einem Interview mit Der Tagesspiegel[7] sagte Niggli: *„Nach 30 Jahren Streitgesprächen wäre es wünschenswert, sachlicher zu werden".* Man habe *„wichtige Probleme zu lösen, etwa die Tatsache, dass wir zwar mehr als genug Lebensmittel produzieren, aber nur mit Unmengen von Pestiziden und Düngern."* Es wird wichtig sein, festgefahrene Ideologien und Argumentationsmuster zu hinterfragen, neueste Erkenntnisse in die Diskussion einzubringen, nicht in schwarz-weiß, sondern in Farben zu denken und in der Erwägung von Chancen und Risiken aufeinander zuzugehen.

Eine spezielle Anwendung der Genchirurgie möchte ich noch betrachten, den *Gene Drive.* Hierbei baut man das CRISPR/Cas-System in das Genom eines Organismus ein, stellt also einen gentechnisch veränderten Organismus her. Das System ist dann in der Lage, im eigenen Genom und – nach der Befruchtung – auf das „neue" Genom zu wirken. Diese Fähigkeit wird an die nachfolgenden Generationen weitergegeben. Es wird beispielsweise an Mücken gearbeitet, die gegen **Malaria** immun sind und somit auch den Menschen nicht infizieren können. Mittels des *Gene Drive Systems* geben sie diese Immunität an wilde nicht-immune Mücken weiter, mit denen sie sich kreuzen. Das System führt also dazu, dass die *Gene Drive* **Mücken** andere Mücken genetisch modifizieren.

---

[7]Karberg S (2018) Crispr ist nicht immer Gentechnik. Der Tagesspiegel. https://www.tagesspiegel.de/wissen/europaeischer-gerichtshof-vor-der-entscheidung-crispr-ist-nicht-immer-gentechnik/20864058.html Zugegriffen: 12.11.2018.

Die Immunität breitet sich in der Population aus. Man spricht von einer mutagenen Kettenreaktion *(mutagenic chain reaction)* oder einer supermendelschen Vererbung. Es muss deutlich gesagt werden, dass hier ein System erschaffen wird, das nicht mehr zu bremsen ist[8]. Meistens wird bei transgenen Organismen bewusst versucht, deren Ausbreitung in der Natur zur verhindern. Der *Gene Drive* hat genau das Gegenteil zum Ziel.

In ähnlicher Weise wird derzeit im US-amerikanischen Forschungsinstitut des Pentagon an einer Möglichkeit geforscht, Kulturpflanzen auf dem Feld genetisch zu modifizieren[9]. Dazu sollen Insekten die Pflanzen mit gentechnisch modifizierten Viren infizieren. Diese viralen Vektoren sollen wiederum ein CRISPR/Cas-System beinhalten, das die Pflanzengenome modifiziert. Die Anwendung solcher Technologien ist auf Basis des heutigen Stands des Wissens sehr kritisch zu betrachten. Egal, ob dieses System zusätzlich mit einem *Gene Drive* ausgestattet wäre oder nicht, eine Rückholbarkeit ist hier ebenso schwer vorstellbar wie eine Kontrolle der Verbreitung. Ebenso hat diese Methodik ein hohes Missbrauchspotenzial. Daher ist Forschung in diesem Bereich unbedingt notwendig, aber eine aktive Anwendung im Freiland nach Stand des Wissens mit hohen Risiken und Gefahren verbunden.

Welche gentherapeutischen Ansätze gibt es beim Menschen? Im September 1990 wurde in den USA die erste offiziell zugelassene **Gentherapie** durchgeführt. Im August 2018 waren weltweit 2805 Gentherapiestudien registriert, davon 633 in Europa und 101 in Deutschland. Als Gentherapie wird das Einbringen von neuen und das Verändern von vorhandenen DNA-Sequenzen im Erbgut zur Behandlung oder Prävention von Krankheiten bezeichnet. Gestattet ist nur die Gentherapie an **Körperzellen** (somatische Zellen). Dies sind alle Zellen, die bei Menschen nicht der Fortpflanzung dienen. Bereits 1985 kam eine von den Bundesministerien für Justiz und für Forschung eingesetzte Expertengruppe „In-vitro-Fertilisation, Genomanalyse und Gentherapie" in ihrem Abschlussbericht zu dem Ergebnis, dass sich das Einfügen von Erbmaterial in somatische Zellen in seiner ethischen Dimension grundsätzlich nicht von Organtransplantationen unterscheidet. Die Bundesärztekammer kam in ihren 1989 veröffentlichten Richtlinien zur Gentherapie zum gleichen Schluss.

---

[8]Simon S, Otto M, Engelhard M (2018) Synthetic gene drive: between continuity and novelty: Crucial differences between gene drive and genetically modified organisms require an adapted risk assessment for their use. EMBO Reports 19:e45760–4.

[9]Reeves RG, Voeneky S, Caetano-Anollés D et al. (2018) Agricultural research, or a new bioweapon system? Science 362:35–37.

Ganz anders ist die Lage bei **Keimzellen,** also Ei- und Samenzellen, aus denen sich nach der Befruchtung der Embryo entwickelt. Diese sogenannten Keimbahnzellen unterliegen dem deutschen **Embryonenschutzgesetz,** das dieses auch sehr genau definiert als *„alle Zellen, die in einer Zell-Linie von der befruchteten Eizelle bis zu den Ei- und Samenzellen des aus ihr hervorgegangenen Menschen führen, ferner die Eizelle vom Einbringen oder Eindringen der Samenzelle an bis zu der mit der Kernverschmelzung abgeschlossenen Befruchtung".* Weiterhin sagt das Gesetz ganz klar, dass eine *„künstliche Veränderung der Erbinformation menschlicher Keimbahnzellen"* verboten ist. Embryonen dürfen hierzulande allein mit dem Ziel erzeugt werden, eine Schwangerschaft, zum Beispiel im Rahmen einer künstlichen Befruchtung, herbeizuführen.

Ungeachtet der deutschen Auffassung zum Umgang mit Keimzellen wird in anderen Ländern bereits an der Keimbahn geforscht. Wissenschaftler im Team der englischen Entwicklungsbiologin Kathy **Niakan** am *Francis-Crick-Institute* in London dürfen seit Februar 2016 das CRISPR/Cas-System an menschlichen Embryonen anwenden. Es geht bei der Forschung ganz klar nicht darum, dass Forscher Babys im Labor züchten. Es geht um Grundlagenforschung an frühen Teilungsstadien befruchteter Eizellen. Eine Fragestellung der Forschung ist das Auftreten von Nebeneffekten nach einer gentechnischen Behandlung der Zellen. Anders als in Deutschland, wo das Embryonenschutzgesetz klarstellt, dass die *„befruchtete, entwicklungsfähige menschliche Eizelle vom Zeitpunkt der Kernverschmelzung"* an schützenswertes Leben darstellt, gilt dies in England erst ab dem vierzehnten Tag nach der Befruchtung. Daher werden die Embryonen in der Forschung von Niakan nach sieben Tagen getötet. Die **14-Tage-Regel** gilt für Embryonenforscher in Ländern wie Australien, Kanada, den USA, Dänemark, Schweden oder Großbritannien. Die Frist, künstlich erzeugte Embryonen längstens vierzehn Tage nach der Befruchtung für wissenschaftliche Zwecke verwenden zu dürfen, orientiert sich an der Entwicklungsbiologie. Etwa am 14. Tag entsteht der sogenannte **Primitivstreifen,** der ein erstes Anzeichen eines sich ausbildenden Nervensystems ist. Zudem ist es dem Embryo nach dem vierzehnten Tag unmöglich, sich zu teilen, um Zwillinge auszubilden. Davor wäre die Herausbildung eineiiger Zwillinge möglich, was von einigen als mangelnde **Individualität** angesehen wird. 1984 wurde daher von englischen Wissenschaftlern vorgeschlagen, die Embryonenforschung bis zu diesem Zeitpunkt zu erlauben. Seit es 2016 Wissenschaftlern gelungen ist, menschliche Embryonen länger als vierzehn Tage nach der künstlichen Befruchtung außerhalb der Gebärmutter am Leben zu halten, wird diese Regel heiß diskutiert.

Die ersten Berichte von geneditierten menschlichen Embryonen stammen aus den USA und China. Im Mai 2015 berichteten chinesische Wissenschaftler von der Sun Yat-Sen Universität in Guangzhou, dass sie menschliche Embryonen mit dem CRISPR/Cas-System genetisch verändert hatten[10]. Um genau zu sein, berichteten sie von den Problemen, denn die meisten Embryonen starben vorzeitig. Wiederum hatten die Wissenschaftler nicht das primäre Ziel, gentechnisch veränderte Menschen zu erzeugen. Daher arbeiteten sie mit sogenannten **tripronuclearen Zygoten,** die sich zu triploiden Embryonen entwickeln. Das bedeutet, dass das Erbgut dreimal in allen Zellen enthalten ist. Infolgedessen sterben diese Embryonen früh. Es wird deutlich, dass der Eingriff in die menschliche Keimbahn zu Forschungszwecken in vollem Gange ist[11]. Es wird vielleicht die wichtigste ethische Frage der nahen Zukunft sein, wie wir mit dem gewonnenen Wissen und den Möglichkeiten umgehen wollen – und dies vor sehr unterschiedlichen gesellschaftskulturellen Hintergründen. Wenn eine schwere Erbkrankheit nicht therapier- aber reparierbar ist, müssen Ärzte dann nicht helfen? Wie ist eine Abtreibung gegenüber einem gentherapeutischen Eingriff in die Keimbahn abzuwägen? Dies sind nur ein paar Fragen, die geklärt werden müssen.

---

[10]Liang P, Xu Y, Zhang X et al. (2015) CRISPR/Cas9-mediated gene editing in human tripronuclear zygotes. Protein & Cell 6:363–372.

[11]Während der Drucklegung wurde bekannt, dass der chinesische Wissenschaftler He Jiankui mit dem CRISPR/Cas-System Embryonen geneditierte, die dann als Zwillinge geboren wurden. Mehr unter: genegenome-gesellschaft.de.

Erbgut schreiben 4

Während wir im vorhergehenden Kapitel ganz konkrete, die Menschheit betreffende Fragen in Bezug auf die Gentherapie gestellt haben, wird es jetzt etwas utopischer – aber nur etwas. Neueste Methoden der Gentechnik beinhalten nicht nur die präzise Veränderung des Erbguts, sondern auch die komplette chemische Synthese von Erbinformation. Der Bakterien befallende Virus (Phage) **φX174** war 1977 das erste (von Frederik Sanger) sequenzierte Genom – und ein Vierteljahrhundert später eines der ersten vollständig synthetisch hergestellten Genome. An dieser Arbeit war bereits ein Pionier der Genomforschung beteiligt, Craig **Venter.** Zuvor war es dem deutschstämmigen in den USA forschenden Biochemiker Eckard **Wimmer** gelungen, synthetisch einen infektiösen **Poliovirus** zu generieren. Wir sind also neuerdings in der Lage, Erbinformation zu „schreiben". Diese Forschung ist Bestandteil einer neuen Forschungsrichtung, der synthetischen Biologie.

Die **synthetische Biologie** macht mit Schlagzeilen wie „Wir spielen Gott" in Publikumsmagazinen auf sich aufmerksam. Beschrieben wird dort, wie Wissenschaftler versuchen, Mikroorganismen gezielt zu verändern, um ihnen Funktionen wie beispielsweise die Synthese von Biodiesel oder die Bindung atmosphärischen Kohlendioxids zu verleihen[1]. Das ist doch Gentechnik!? In der Tat beschäftigt sich die Gentechnik seit langem mit ähnlichen Fragestellungen. Die synthetische Biologie geht aber weiter, indem sie die Bio- bzw. Gentechnik zu einer wahren Ingenieurkunst erheben möchte, indem mit standardisierten Bauteilen, respektive **DNA-Parts** oder **BioBricks,** gearbeitet wird. Wie bei den Ingenieurwissenschaften soll das Ergebnis der Neukombination (Synthese) solcher Bauelemente vorhersagbar beziehungsweise simulierbar sein. Versuch und Irrtum soll durch

---

[1]Church GM (2012) Regenesis. Basic Books, New York.

© Springer Fachmedien Wiesbaden GmbH, ein Teil von Springer Nature 2019
R. Wünschiers, *Gentechnik*, essentials,
https://doi.org/10.1007/978-3-658-25127-7_4

Design ersetzt werden. Der Biologe wird zum Konstrukteur. Die synthetische Biologie als eine moderne Teildisziplin der Biowissenschaften ist derzeit die Spitze einer Reihe von gentechnologischen Entwicklungen der vergangenen Jahrzehnte[2]. Der Begriff Synthese ist hier im Sinne von Zusammenbringen zu verstehen – DNA-Module mit definierten Funktionen werden zusammengebracht und es entsteht etwas Neues.

Den größten Einfluss auf die öffentliche Wahrnehmung der synthetischen Biologie hatte bislang die medial als Pressemitteilung, Pressekonferenz und wissenschaftliche Publikation inszenierte Veröffentlichung der Forschungsergebnisse[3] des *J-Craig-Venter-Institutes* in den USA am 20. Mai 2010. Es wurde mitgeteilt, dass „*the first self-replicating species that we have had on the planet whose parent is a computer [...] the first species that has its own website encoded in its genetic code*" (die erste selbstreplizierende Art mit einem Computer als Eltern [...] die erste Art, die ihre eigene Webseite im Genom codiert hat) geschaffen wurde. Die Synthese scheint einfach: „*building the chromosomes from four bottles of chemicals*" (bauen der Chromosomen aus vier Chemikalien). Es wurde also das erste Bakterium geschaffen, dessen Erbgut im Reagenzglas chemisch erzeugt wurde. Wissenschaftler des *J-Craig-Venter-Institutes* steckten nach eigenen Angaben 15 Arbeitsjahre und 40 Mio. US$ in das Projekt. Das resultierende Bakterium trägt den Namen *Mycoplasma mycoides* **Stamm JCVI-syn1.0.** Die internationale mediale Resonanz reichte von gelassener Wahrnehmung bis hin zu hysterischen Frankenstein-Meldungen. Der Vatikan nahm die Meldung von der ersten synthetischen Art gelassen auf und würdigte die wissenschaftliche Leistung. Dies entbehrt nicht einer gewissen Ironie, da die meisten Pressemitteilungen, zumindest in Europa, den Wissenschaftlern vorwarfen, Gott zu spielen. Was wurde von der Arbeitsgruppe um Craig Venter tatsächlich erreicht? Zunächst wurde eine abgeänderte Genomsequenz des Bakteriums *Mycoplasma mycoides* synthetisiert. Die Veränderungen gegenüber der etwa eine Million Nukleotide langen Sequenzvorlage betreffen vor allem die Integration von sogenannten Wasserzeichen, die das synthetische Genom deutlich von dem Original unterscheidbar machen. Ein Wasserzeichen beinhaltet beispielsweise die URL zu einer Webseite mit Informationen zu dem Bakterium. Die eigentliche Synthese des Erbgutes erfolgte in mehreren Schritten. Zunächst wurde die

---

[2]Bei der synthetischen Biologie handelt es sich nicht um die synthetische Evolutionsbiologie. Letzterer ist eine Erweiterung der Darwin'schen Evolutionstheorie um moderne wissenschaftliche Erkenntnisse.

[3]Gibson DG, Glass JI, Lartigue C et al. (2010) Creation of a bacterial cell controlled by a chemically synthesized genome. Science 329:52–56.

chemische Synthese von 1078-mal 1080 Nukleotiden langen DNA-Fragmenten bei DNA-Synthesefirmen in Auftrag gegeben – darunter war auch die deutsche Firma **GeneArt** aus Regensburg. Diese wurden in mehreren Schritten in einem langwierigen Prozess zu einem 1.077.947 Basenpaare langem zirkularem Chromosom zusammengesetzt. Die Fragmentfusionen erfolgten aber nicht *in vitro* (im Reagenzglas), sondern wurden in Hefezellen durchgeführt. Die beschriebene **Genomsynthese** bedient sich somit hauptsächlich biologischer Funktionen der Hefe. Lediglich die Erstsynthese der kurzen Fragmente erfolgte chemisch. Auch das Einbringen des erzeugten *Mycoplasma mycoides* Genoms in *Mycoplasma capricolum* erfolgte mit einer zellbiologischen Standardmethode, der Protoplastenfusion. Nüchtern betrachtet reduziert sich der wissenschaftliche Erfolg dieses rund 15-jährigen Forschungsprojektes auf die Kombination alter Methoden und der Beseitigung daraus folgender neuer Probleme – sowie einer großartigen Pressearbeit. Da sowohl die Hefe als auch der Zielprotoplast funktionsfähig und vollständig vorhanden sein mussten, kann von einer Neusynthese von Leben keine Rede sein.

„Was ich nicht erschaffen kann, das kann ich auch nicht verstehen", sagte der amerikanische Physiker Richard **Feynman** einst. Von der mathematischen Modellierung von Stoffwechselwegen und der Vorhersage von deren Verhalten mit einem Computer bis zur Validierung beziehungsweise Nutzung im lebenden Organismus ist es nur ein kleiner Schritt – wenn denn die Methodik zur gezielten Biogenese des entworfenen Wunschorganismus existiert. Damit ist ein wichtiger Forschungsbereich der synthetischen Biologie skizziert: das Design eines Stoffwechselweges oder gar eines Organismus und dessen Inkarnation. Die Ergebnisse der Modellierung geben dabei das Ziel vor. Diesen Teilbereich der synthetischen Biologie bezeichnet man als **Metabolic Design.** Sie ist eine unmittelbare Fortführung der Gentechnik. Beispiele sind die Biosynthese des Malariaheilmittels **Artemisinin** oder von Biodiesel mit gezielt entworfenen Mikroorganismen. Warum ist dies mehr als Gentechnik? Der wesentliche Unterschied liegt in der Vorgehensweise. Alle biologischen Funktionselemente liegen als sogenannte **Parts** samt einer detaillierten Beschreibung in einer elektronischen Datenbank und als physische DNA-Sequenz vor. Der Wissenschaftler kann sich nun geeignete Komponenten anhand der Beschreibung aussuchen und bestellen. Die DNA-Sequenzen der Parts haben einen streng definierten Aufbau, der es erlaubt, mehrere Parts mit Standardmethoden der Molekularbiologie geordnet hintereinander zu einem Genkonstrukt **(Modul)** anzuordnen – das können auch Roboter. Dieses Konstrukt kann dann zur Transformation eines Zielorganismus verwendet werden.

Ein weiterer Teilbereich der synthetischen Biologie befasst sich mit eben diesem Zielorganismus, der konsequenter Weise als **Chassis** bezeichnet wird. Das Ziel ist, ein Chassis zu entwerfen, das mit den aufzunehmenden Genkonstrukten möglichst wenig wechselwirkt. Hierzu gibt es zwei gegensätzliche Ansätze. Im Forschungsbereich der **Minimalzellen** wird, ausgehend von einem Bakterium mit einem möglichst kleinen Genom, untersucht, wie viele Gene entbehrlich sind. Das kleinste bekannte Genom eines freilebenden Bakteriums hat *Mycoplasma genitalium* mit knapp 500 kodierenden Genen. Untersuchungen deuten darauf hin, dass hiervon 430 Gene essenziell sind. Eine Zelle mit just diesen Genen wurde als *Mycoplasma* Syn3.0 2016[4] der Öffentlichkeit vorgestellt und zum Patent angemeldet. Im Gegensatz zu diesem **Top-down** Ansatz, bei dem, ausgehend von einer intakten Zelle, Schritt für Schritt Gene entfernt werden, steht der **Bottom-Up** Ansatz der **Protozellen**-Forschung. Basierend auf fetttröpfchenähnlichen künstlichen Zellen wird versucht, genetische und biochemische Komponenten zusammen und zu Wachstum und Vervielfältigung zu bringen. Dieser Forschungsansatz ist eng verwandt und verwoben mit der Suche nach geeigneten Bedingungen, unter denen sich die Entstehung von Leben abgespielt haben könnte.

Die synthetische Biologie beinhaltet auch den Versuch, Mikroorganismen zu entwerfen, die als biologische **Sensoren** agieren und auf bestimmte Umweltsignale eine definierte Antwort liefern. Beispielsweise gibt es Versuche mit Bakterien, die optimiert wurden, um den Sprengstoff TNT zu detektieren und – bei Anwesenheit von TNT – eine Reaktionskaskade in dem Bakterium auszulösen. Diese könnte so designt werden, dass die Bakterien Leuchtsignale aussenden. Erklärtes Ziel ist die Verwendung solcher Bakterien für die Detektion von verrotteten Landminen. Denkbar wäre auch das Aufspüren von Stoffgemischen mit einem Organismus und auch die Anzeige von Konzentrationsstufen. Dies würde **komplexe Schaltkreise** voraussetzen, einem weiteren Zweig der synthetischen Biologie. Das ultimative Ziel ist eine logische Signalverarbeitung, wie man sie von Computern kennt. Die Grundlagen hierzu sind bereits gelegt. Die Metapher von der Programmierung einer Zelle wird hiermit auf eine neue Ebene gehoben, von der Programmierung des DNA-Codes hin zur Programmierung der Informationsverarbeitung durch genetische Regelkreise. Ein großer Erfolg gelang bereits im Jahr 2000 mit der gezielten Entwicklung und Simulation eines Schaltkreises am Computer und dessen Umsetzung in einer Zelle. Die Firma **Microsoft Research** hat bereits eine speziell auf die Ansprüche der synthetischen Biologie

---

[4]Hutchison CA, Chuang R-Y, Noskov VN et al. (2016) Design and synthesis of a minimal bacterial genome. Science 351:1414–1425.

zugeschnittene Programmiersprache und -umgebung namens Visual GEC entwickelt, wobei GEC für *genetic engineering of living cells* steht[5].

Unabhängig davon, ob mit einem Chassis oder einem komplexen Zielorganismus gearbeitet wird: Wechselwirkungen zwischen den Grundfunktionen des Chassis und den eingebrachten Modulen müssen verhindert werden. Das Teilgebiet **orthogonale Systeme** beschäftigt sich explizit mit diesem Problem. Beispielsweise lässt sich durch die Verwendung eines unnatürlichen genetischen Codes und einem daran angepassten Expressionsapparat der synthetische Transkriptions- und Translationsapparat von jenem des Zielorganismus trennen. Orthogonale Systeme werden häufig auch im Kontext der **biologischen Sicherheit** *(biosafety)* genannt. Dieses Teilgebiet der synthetischen Biologie befasst sich mit den Risiken der Verwendung synthetischer Mikroorganismen und überschneidet sich nahezu komplett mit der Sicherheitsforschung in der Gentechnik. Insgesamt dienen die Maßnahmen zur biologischen Sicherheit dem Schutz der Beschäftigten, der Bevölkerung und der Umwelt vor gefährlichen Organismen und biologischen Agenzien.

Eine größere Gefahr birgt jedoch der kriminelle oder terroristische Missbrauch der Möglichkeiten der synthetischen Biologie – ein Thema, mit dem sich der Bereich **Missbrauchsschutz** *(biosecurity)* befasst. Alarmiert hat in diesem Zusammenhang die Publikation der relativ einfach vorzunehmenden Synthese des Poliovirus und des Virus der Spanischen Grippe[6]. Durch letzteren sind zwischen 1918–1919 mindestens zwanzig Millionen Menschen gestorben. Die Synthese beider Viren erfolgte vor dem Hintergrund, die molekularen Mechanismen der Infektion und der extrem hohen Pathogenität zu verstehen. Die öffentliche Zugänglichkeit der Genomsequenzen extrem infektiöser und tödlicher Viren, wie beispielsweise des **Ebola**-Virus, verbunden mit der Möglichkeit, DNA-Moleküle maßgeschneidert als Handelsware bestellen zu können, zeigt die Brisanz des möglicherweise einfachsten Teilbereichs der synthetischen Biologie, der **DNA-Synthese.** DNA-Synthese Firmen haben sich daher geeinigt, Bestellungen immer auf Sequenzähnlichkeiten mit bekannten Krankheitserregern zu überprüfen – das kann kriminelle Kräfte aber nicht daran hindern, sich bei eBay eine DNA-Synthese-Apparatur zu bestellen. Wie jede Technologie, so birgt auch die synthetische Biologie Chancen und Risiken, deren jeweiliges Potenzial

---

[5]Pedersen M, Phillips A (2009) Towards programming languages for genetic engineering of living cells. Journal of the Royal Society, Interface 6:S437–S450.

[6]Tumpey TM (2005) Characterization of the Reconstructed 1918 Spanish Influenza Pandemic Virus. Science 310:77–80.

abgewogen werden muss. Es ist unbedingt notwendig, dass Fortschritte der synthetischen Biologie von internationalen Kontrollgremien verfolgt und bewertet werden. Wie schwer dies insbesondere im zivilen Sektor werden wird, zeigen die Entwicklungen auf einem ganz anderen Gebiet, den Computerwissenschaften. Auch hier existiert eine Hochtechnologie, die nicht nur von der Industrie, Verbänden und Regierungen, sondern auch von Zivilpersonen weiterentwickelt wird. Neben, im Sinne der informationellen Selbstbestimmung, großartigen Anwendungen, welche tief in die Gesellschaft eingreifen und Staatsregierungen kippen können, gibt es auch die dunkle Seite, nämlich die Cyberkriminalität. Hier sind es auch Einzelindividuen, zum Teil noch nicht einmal rechtsmündig, die großen Schaden anrichten können. Dies zu kontrollieren stellt auch im Bereich der Gentechnik und synthetischen Biologie eine Herausforderung dar (siehe auch Kap. 7).

Erbinformation vermarkten 5

Wie aus den vorangegangenen Abschnitten deutlich geworden sein sollte, rollt der Rubel im Bereich der Vermarktung genetischer Information und Methoden bereits auf Hochtouren. Es ist vermutlich nicht jedem aufgefallen, dass, als im Jahr 2000 der erste Entwurf der DNA-Sequenz des menschlichen Erbguts bekannt gegeben wurde, in Wirklichkeit zwei Versionen präsentiert wurden. Die Vertreter dieser beiden Versionen standen am 26. Juni im Weißen Haus neben dem damaligen US-amerikanischen Präsidenten Bill **Clinton:** auf der einen Seite der Genetiker und Unternehmer (Firma Celera) Craig **Venter,** auf der anderen Seite der Genetiker Francis **Collins** als Vertreter der internationalen, aus öffentlichen Geldern finanzierten humanen Genomorganisation (HUGO). HUGO war das bis dahin größte Forschungsprojekt weltweit. Es handelte sich um einen öffentlich finanzierten Bund von über 1000 Forschern aus 40 Ländern mit dem erklärten Ziel, bis zum Jahr 2015 die 3,2 Mrd. Nukleotide des menschlichen Genoms zu entziffern und öffentlich verfügbar zu machen. Venter verließ HUGO bereits 1992, gründete ein Forschungsinstitut und verfolgte parallel zum öffentlichen Projekt eigene Sequenzierungsaktivitäten. Deutschland ist HUGO im Jahr 1995 beigetreten und steuerte über die beteiligten Forschungseinrichtungen in Berlin, Braunschweig, Heidelberg und Jena knapp 60 Mio. Basen zum humanen Genom bei.

Während die DNA-Sequenzen von HUGO frei verfügbar sind, mussten Kunden für den Celera-Datensatz Geld bezahlt. Craig Venter hat auch später zahlreiche genomische Datensätze zum Verkauf angeboten, wie zum Beispiel komplett sequenzierte **Ökosysteme.** Von großer Bedeutung war allerdings Clintons Ankündigung aus dem Jahr 2000, dass das Humangenom nicht patentierbar sei: dies ließ die Biotechnologie-Aktien abstürzen. Dürfen DNA-Sequenzen patentiert werden? Eine große Kontroverse entspann sich zu diesem Thema, als im Jahr 2001 der Biotechnologiefirma *Myriad Genetics* das europäische Patent

© Springer Fachmedien Wiesbaden GmbH, ein Teil von Springer Nature 2019   29
R. Wünschiers, *Gentechnik*, essentials,
https://doi.org/10.1007/978-3-658-25127-7_5

Nummer EP699754 auf die DNA-Sequenz des *BRCA1*-Gens und einen Gentest erteilt wurde. Etwa 10 bis 15 % aller **Brustkrebskarzinome** werden durch Mutationen in den Genen *BRCA1* und *BRCA2* ausgelöst. *Myriad Genetics* hatte durch die Patentierung, auch in vielen anderen Ländern, ein Monopol auf die Diagnose der Genvarianten und verlangte dafür zeitweise über 4000 US$. Das **Europäische Patentamt** hat 2004 entschieden, dass der ursprüngliche Antrag des Unternehmens sich nicht auf eine Neuheit, sondern lediglich auf eine DNA-Sequenz bezog, und hob das Patent auf. *Myriad Genetics* legte jedoch Berufung ein und erhielt 2008 ein modifiziertes Patent, das die Tests auf bestimmte Mutationen abdeckt, aber nicht das Gen selbst. Im Jahr 2013 wurde das US-Patent ebenfalls mit der Begründung abgewiesen, dass es nicht reicht, Sequenzen zu isolieren, um sie zu patentieren. Vor dem Hintergrund, dass **BigData** auch die Lebenswissenschaften erreicht hat und in unvorstellbarem Ausmaß DNA-Sequenzdaten von Patienten erzeugt werden (zum Beispiel beim englischen BioBank-Projekt[1]), wird allerdings deutlich, dass Wissen Macht ist. Wenn Assoziationsstudien den Zusammenhang zwischen Krankheiten und Genen, Varianten dieser Gene (Allele) und epigenetischen Veränderungen (siehe Kap. 6) zutage fördern, dann können mithilfe dieser Information lukrative Gentests entwickelt und als Dienstleistung vermarktet werden. Es muss immer der Patient und nicht das Patent im Vordergrund stehen. Es ist daher unumgänglich, dass sich die Wirtschaft mit der dem Gemeinwohl dienenden Politik auf klare Regeln einigt, sodass auch in der Wirtschaft erlangtes Wissen der Allgemeinheit zugutekommt.

Dass allerdings auch das nicht leicht ist, zeigt das Beispiel des ***Golden Rice,*** einer Reissorte, die durch gentechnische Verfahren erhöhte Mengen des Provitamins A (Beta-Carotin) enthält. Die Entwicklung wurde 1992 von dem deutschen Biologen Ingo **Potrykus** und dem Zellbiologen Peter **Beyer** gestartet und im Jahr 2000 publiziert. Das erklärte Ziel ist die Bekämpfung des in vielen Entwicklungs- und Schwellenländern vorherrschenden Vitamin-A-Mangels. Der *Golden Rice,* benannt nach der goldenen Farbe der Reissamen infolge des hohen Vitamin A Gehalts, gilt den einen als Vorzeigeprojekt, anderen dagegen als Art Trojanisches Pferd der Pflanzengentechnik. Obwohl sich der Reis vornehmlich aus politischen und ideologischen Gründen noch nicht etabliert hat, wurde er 2015 vom US-Patentamt mit dem *Patents for Humanity Award* ausgezeichnet. Damit wird die Freigabe von patentierten Technologien für globale humanitäre Anwendungen

---

[1]Canela-Xandri O, Rawlik K, Tenesa A (2018) An atlas of genetic associations in UK Biobank. Nature Genetics 50:1593–1599.

geehrt. Diese Auszeichnung verweist auf eine Besonderheit des *Golden-Rice-Projects:* es soll dem Gemeinwohl dienen und das Saatgut ohne Lizenzgebühren abgegeben werden. Es klingt wie ein Traum, der aber im Streit um die Gentechnik allgemein und die Form von zu leistender Entwicklungshilfe im Besonderen für Potrykus und Beyer zum Albtraum wurde. Die Forschung geht dennoch voran und es finden, finanziert auch von der privaten **Bill und Melinda Gates Stiftung,** unter anderem in den USA, Vietnam und den Philippinen Feldversuche statt.

Generell ist der Weg von der Idee der Generierung eines gentechnisch veränderten Organismus bis hin zu einer zugelassenen Handelsware ein sehr langer und kostspieliger. Aus diesem Grund ist es nicht verwunderlich, dass beispielsweise das Saatgutgeschäft mit gentechnisch modifizierten Pflanzen von wenigen **Großkonzernen** wie Bayer (der Monsanto geschluckt hat), Syngenta, DuPont Pioneer, BASF oder Dow dominiert wird. Ein **Zulassungsverfahren** mit den notwendigen und nachzuweisenden Vorversuchen und beizubringenden Studien muss man sich leisten können. So muss beispielsweise im Antrag nachgewiesen werden, dass der GVO keine nachteiligen Auswirkungen auf Menschen, Tiere oder die Umwelt hat. Bei Lebens- oder Futtermitteln müssen Analysen zeigen, dass das GVO-Lebensmittel sich nicht wesentlich von konventionellen Vergleichsprodukten unterscheidet und keine Allergene enthält (eine handelsübliche Kiwi würde diesen Test nicht bestehen). Zudem müssen Verfahren für die marktbegleitende Beobachtung vorgelegt werden, mit denen sich der Organismus identifizieren lässt. Der Antrag wird dann an die Europäische Behörde für Lebensmittelsicherheit (EFSA, *European Food Safety Authority*) zur Prüfung geleitet. Diese kann vom Antragsteller weitere Untersuchungen einfordern, die oft wiederum kostspielig und langwierig sind. Die nationalen Behörden der Mitgliedsstaaten sind in das Verfahren einbezogen und können ihrerseits Daten nachfordern. Das Referenzlabor der EU validiert die vom Antragsteller vorgeschlagenen Methoden zum Nachweis und zur Identifizierung des jeweiligen GVO. Schließlich leitet die EFSA eine Stellungnahme an die EU-Kommission und die Mitgliedstaaten weiter und macht sie der Öffentlichkeit zugänglich. Die Kommission unterbreitet den Mitgliedstaaten dann einen Entscheidungsvorschlag. Zur Annahme ist eine qualifizierte Mehrheit erforderlich. Diese liegt vor, wenn 55 % der Mitgliedstaaten (derzeit 15 von 28) zustimmen und zugleich 65 % der EU-Bevölkerung repräsentiert sind. Bestenfalls dauert das Verfahren neun Monate, meist aber mehrere Jahre. Da bedarf es auf Seite der Antragsteller Kapitalpuffer, um die Laufzeit des Zulassungsverfahrens zu überstehen. Dass sich Konzerne diese Investition in Form von Lizenzgebühren von den Landwirten zurückholen, ist nachvollziehbar. Ähnlich ist es bei gentechnikfreiem, konventionellem Saatgut. Auch hier steckt lange Züchtungsarbeit im Saatgut und es folgt ein Zulassungsverfahren beim Bundessortenamt und gegebenenfalls beim Europäischen Sortenschutzamt (CPVO, *Community Plant Variety Office*). Auch hier fallen für den Landwirt Lizenz- und **Nachbaugebühren** an, insbesondere bei Hydriden. Bei der Hybridzüchtung werden geeignete, gesondert gezüchtete Inzuchtlinien einmalig miteinander gekreuzt. Die Nachkommen erster Generation einer solchen Kreuzung haben gegenüber der Elterngeneration oftmals agronomisch wertvollere Eigenschaften, wie ein stärkeres Wachstum oder größere Früchte. Man bezeichnet dies als **Heterosiseffekt.** Eine Weiterzucht der **Hybridsorte** ist jedoch nicht ökonomisch, da eine Aussaat der Samen der ersten Generation in der zweiten Generation wieder die Elternmerkmale hervorbringt – der gewinnbringende Heterosiseffekt geht verloren. Stattdessen muss der Landwirt wiederum neues Saatgut kaufen. Um der wachsenden Privatisierung im Saatgutsektor entgegenzuwirken, haben eine Allianz aus Züchtern und Juristen ein **offenes Lizenzmodell** für Saatgut entwickelt[2]. Dies lehnt sich an vergleichbare Modelle im Software-Sektor an und gibt die Nutzung nur frei, wenn sich der Anwender/Züchter verpflichtet, Weiterentwicklungen ebenfalls unter dasselbe Lizenzmodell zu stellen und nicht patentieren zu lassen. Aktuell sind in Deutschland sieben freie Sorten verfügbar: drei Tomaten-, drei Weizen- und eine Maissorte. Ob sich das Konzept durchsetzt, bleibt abzuwarten, da sich die Entwicklungskosten für neue Sorten oder Rassen zumindest tragen müssen.

Im Rahmen der Diskussionen um die Ausbeutung von Landwirten mit patentiertem, gentechnisch verändertem Erbgut muss klar unterschieden werden zwischen der Technologie auf der einen und der wirtschaftlichen Verwertung auf der anderen Seite. Die Wissenschaft muss das Risiko einer Technologie abschätzen und minimieren. Ebenso ist es eine Frage der **Wirtschaftsethik,** die Folgen von Geschäftsmodellen für Menschen und Umwelt zu bewerten und gangbare Wege aufzuzeigen. Dies ist auch das Ergebnis des sogenannten **Monsanto Tribunal,** das 2016/2017 in Den Haag stattfand[3]. Fünf Richter legten in einem Rechtsgutachten dar, wie Monsanto's (jetzt Bayer's) Praktiken unter anderem gegen Menschenrechte verstoßen und zum Ökozid führen. Das Tribunal war kein offiziell anerkanntes Gericht, da es zurzeit kein Rechtsinstrument gibt, das die strafrechtliche Verfolgung von Unternehmen und seiner Geschäftsführer als Verantwortliche für Verbrechen gegen die menschliche Gesundheit oder gegen die Integrität der Umwelt ermöglicht. Aber das Verfahren zeigt einmal mehr, dass die Verantwortung der Firmen über den reinen Verkauf eines Produkts hinaus geht.

---

[2]Open Source Seeds. https://www.opensourceseeds.org Zugegriffen: 12.11.2018.
[3]Internationales Monsanto Tribunal. https://de.monsantotribunal.org Zugegriffen: 12.11.2018.

Erbgut und Umwelt: Epigenetik 6

Överkalix ist ein kleiner, abgeschiedener Ort in Nordschweden. Er ist 2001 durch eine aufsehenerregende Studie bekannt geworden, die beschreibt, wie Umweltfaktoren auf die Vererbung wirken können. In der konkreten **Överkalix-Studie** wurde von Medizinstatistikern der Einfluss der Ernährung auf den Gesundheitszustand der Nachkommen in erster und zweiter Generation untersucht[1]. Den Wissenschaftlern kam dabei zugute, dass sowohl Ernteerträge, Geburts- und Sterbeurkunden, als auch Gesundheitsdaten der Probanden vorlagen. Untersucht wurden die Lebensumstände, insbesondere des aufgrund der Ernteerträge vorhergesagten Ernährungszustands der Geburtsjahrgänge 1890, 1905 und 1920 sowie die Auswirkungen auf Nachfolgegenerationen. Festgestellt wurde, dass eine Mangelernährung männlicher Vorfahren im Alter zwischen neun und zwölf Jahren sich positiv auf die Lebenserwartung der Nachkommen in zweiter Generation auswirkt. Genauer: Die Wahrscheinlichkeit der Enkel an Herzleiden oder Diabetes zu sterben nimmt ab. Wow. Wie kann das gehen?

Es gibt mehrere bekannte Mechanismen, wobei die Cytosin-Methylierung die prominenteste ist. Chemisch gesehen wird vereinzelten C's im Genom eine $-CH_3$ Gruppe angehängt. Dies geschieht bei Cytosinen, auf denen ein Guanin folgt, sogenannten **CpG-Dinukleotide**[2]. Methylierte CpG-Dinukleotide bewirken eine Veränderung der Aktivität von Genen. Diese epigenetische Genregulation basiert darauf, dass dem molekularen Apparat, der die Erbinformation abliest,

---

[1]Bygren LO, Kaati G, Edvinsson S (2001) Longevity determined by paternal ancestors' nutrition during their slow growth period. Acta Biotheoretica 49:53–59.

[2]Das P steht für Phosphat und wird deshalb verwendet, um CG-Dinukleotide innerhalb eines DNA-Strangs von CG-Basenpaarung eines DNA-Doppelstranges unterscheiden zu können.

© Springer Fachmedien Wiesbaden GmbH, ein Teil von Springer Nature 2019
R. Wünschiers, *Gentechnik*, essentials,
https://doi.org/10.1007/978-3-658-25127-7_6

im wahrsten Sinne des Wortes der Zugang erschwert wird. Die Methylierung ist dynamisch, Methylgruppen können also an die DNA angefügt und entfernt werden. Nun macht es einen großen Unterschied, ob diese epigenetische Regulation Körperzellen oder Keimzellen, also Samen- oder Eizellen, betrifft.

Viele Pflanzen zeigen epigenetische Regulationen in den Körperzellen. Veränderungen von CpG-Methylierungen in pflanzlichen Körperzellen können leicht an Sprösslinge weitergegeben werden. Da Pflanzen die Möglichkeit der vegetativen Fortpflanzung haben, können Methylierungen der DNA einfach an Nachkommen, die eigentlich Klone sind, weitergeben werden. So ist es vermutlich kein Zufall, dass die Vererbung erworbener Eigenschaften zunächst von Botanikern wie Jean-Baptiste **Lamarck** beschrieben wurden. Der sowjetische Agrarbiologe Trofim Denisovich **Lysenko** machte aus dieser Lamarck'schen Vererbung zu Lebzeiten erworbener Eigenschaften ein Dogma und lehnte den Darwinismus ab. Dieses Denken wurde von der Staatsführung der Sowjetunion politisch missbraucht, indem es auf Tiere und Menschen übertragen wurde[3]. Eine Weitergabe erworbener Eigenschaften, manifestiert als Methylierungen an der DNA, an Nachkommen von Tieren und Menschen erfordert aber eine epigenetische Veränderung des Erbguts in den Samen- und Eizellen und deren Weitergabe an den Embryo. Dass ein Embryo während der Schwangerschaft epigenetisch geprägt wird, ist leicht vorstellbar. Im Överkalix-Fall wurde die Information jedoch an die übernächste Generation weitergegeben. Und das ist bemerkenswert, weil man bislang davon ausging, dass die Keimbahn durch die sogenannte **Weissman-Barriere** strikt von den Körperzellen getrennt ist. Der deutsche Evolutionsbiologe und Mediziner August Weissman schlug diese strikte Trennung bereits vor über hundert Jahren vor. Und tatsächlich hat man später herausgefunden, dass epigenetische Markierungen während der Keimzellbildung und nach der Befruchtung zurückgesetzt werden (bekannt als Keimbahnreprogrammierung). Allerdings gibt es Ausnahmen, die wir als mütterliche oder väterliche genetische Prägung kennen *(Imprinting)*. Ein zugrunde liegender Mechanismus der Umgehung der Reprogrammierung wurde 2012 aufgeklärt[4]. Seither wurden weitere Mechanismen vorgeschlagen, wie epigenetische Prägungen über mehrere Generationen wirken können.

---

[3]Graham L (2016) Lysenko's Ghost – Epigenetics and Russia. Harvard University Press, Cambridge, MA.

[4]Nakamura T, Liu Y-J, Nakashima H et al. (2012) PGC7 binds histone H3K9me2 to protect against conversion of 5mC to 5hmC in early embryos. Nature 486:415–419.

Die Epigenetik ist ohne Zweifel eines der spannendsten Gebiete der Genetik und bietet dem, der es braucht, eine molekularbiologische Grundlage für unsere Verantwortung über zukünftige Generationen[5]. Mittlerweile gibt es ein eigenes Forschungsgebiet, **Nutritional Genomics,** das sich der Wechselwirkung von Lebensmitteln und Genomen widmet. Zudem werden von der Erforschung der Epigenetik Antworten zu Krankheitsbildern erhofft, die zurzeit genetisch nicht zu erklären sind. Auch im Rahmen der personalisierten Medizin spielt die Aufklärung der epigenetischen Beeinflussung der Wirksamkeit von Medikamenten eine Rolle. Und die **Genchirurgie** (siehe Kap. 3) stellt schon jetzt Methoden bereit, um epigenetische Markierungen zu verändern. Wissenschaftler sind sich einig, dass noch viele unbekannte Wirkmechanismen der Epigenetik zu entdecken sind. Darin steckt aber auch eine Warnung für die Gentechnik: bei allen Eingriffen müssen zukünftig auch epigenetische Auswirkung in die Risikoanalyse einbezogen werden.

Ein aktuelles Beispiel, wiederum aus dem Ernährungssektor, soll die Bedeutung dieser Thematik verdeutlichen. Wir leben in einer Zeit, in der das Bewusstsein für gesunde Nahrung weit verbreitet ist. Dies führt aber nicht nur dazu, dass bevorzugt vollwertige Lebensmittel konsumiert werden, sondern auch zur vermeintlichen Aufwertung von Lebensmitteln mit Zusätzen. Diese, von der Lebensmittelindustrie propagierten funktionellen Lebensmittel *(functional food)* sollen vor Mangelerscheinungen schützen und dem Verbraucher ein gesundes Lebensgefühl vermitteln. In einigen Ländern ist der künstliche Zusatz von Vitaminen und anderen Nährstoffen zu Lebensmitteln sogar gesetzlich vorgeschrieben. So wird in Europa Babynahrung mit Vitaminen und in den USA Mehl mit Folsäure versetzt. Grundsätzlich ist Folsäure ein essenzieller Bestandteil der Nahrung und wird in Deutschland schwangeren Frauen in Form von Tabletten als Nahrungsergänzung empfohlen – und das ist auch gut so. Bei Erwachsenen konnte Folsäuremangel mit einer Reihe von Erkrankungen wie Krebs und Alzheimer in Verbindung gebracht werden. Besonders betroffen sind Menschen, die eine seltene Genvariante (Allel) eines wichtigen Enzyms des Folsäurestoffwechsels (der Methylentetrahydrofolat Reduktase) tragen. Träger dieser Genvariante (etwa 0,2 % der US-amerikanischen Bevölkerung) leiden erheblich häufiger an Erkrankungen, die sonst nur durch Folsäuremangel verursacht werden. Daher wird der Erkrankung durch die Verabreichung erhöhter Folsäuremengen in der Nahrung vorgebeugt. Eine Studie warnte 2005 allerdings davor,

---

[5]Kegel B (2015) Epigenetik. DuMont Buchverlag, Köln.

dass eine ständig erhöhte Zufuhr von Folsäure zu einer bevorzugten Selektion der defekten Genvariante in der Bevölkerung führt, da Träger des defekten Allels keine Symptome mehr zeigen[6]. Einzelindividuen, die Träger der defekten Genvariante sind, ist mit den ständig erhöhten Folsäuregaben geholfen. Für die gesamte Bevölkerung aber wirkt sie sich negativ aus.

---

[6]Lucock M, Yates ZE (2005) Folic acid – vitamin and panacea or genetic time bomb? Nature Reviews Genetics 6:235–240.

Bürgerwissenschaften 7

Wissenschaft war lange Zeit etwas für Menschen, die sich spezielle Kenntnisse angeeignet und auf die Beantwortung der unterschiedlichsten Fragestellungen angewendet haben. Nichtwissenschaftler konnten allenfalls passiv teilnehmen, beispielsweise über das Zurverfügungstellen von Rechenleistung des privaten Computers für Projekte wie **SETI@home** (*search for extra-terrestrial intelligence at home,* engl. für Suche nach außerirdischer Intelligenz von zu Hause) oder der Suche nach einem Impfstoff gegen Ebolaviren. Letzterem Projekt wurden auf diese Weise seit Dezember 2014 bereits über 72 Tausend Jahre Rechenleistung gespendet. Dieses Engagement ist unter dem internationalen Begriff Bürgerwissenschaften (engl. *Citizen Science*) bekannt. Auf ähnliche Weise trugen Halter von über 3000 Hunden zur Identifizierung der genetischen Basis für strahlend blaue Augen von Sibirischen Schlittenhunden (Huskies) bei[1].

Es besteht aber auch die Möglichkeit, privat wissenschaftlich aktiv zu werden. So hat der argentinische Hobbyastronom Victor Buso im September 2016 eine Supernova beobachtet und ist damit zum Mitautor in dem renommierten Wissenschaftsmagazin *Nature* geworden. Im Bereich der Gentechnik entwickelt sich seit einigen Jahren eine Gemeinschaft von Interessierten, die sich als *Do-it-yourself*-Biologen bezeichnen[2]. In sogenannten *Live Hack Spaces* (Laboren) versuchen die **DIY-Biologen** mehr oder weniger alltägliche Fragestellungen anzugehen. Dies beinhaltet auch gentechnische Experimente. In den USA können dafür von einigen Institutionen oder Interessengemeinschaften Labore mit

---

[1]Deane-Coe PE, Chu ET, Slavney A et al. (2018) Direct-to-consumer DNA testing of 6,000 dogs reveals 98.6-kb duplication associated with blue eyes and heterochromia in Siberian Huskies. PLoS Genetics 14:e1007648.

[2]Trojok R (2016) Biohacking – Biotechnologie für alle. Franzis Verlag, Haar bei München.

© Springer Fachmedien Wiesbaden GmbH, ein Teil von Springer Nature 2019
R. Wünschiers, *Gentechnik,* essentials,
https://doi.org/10.1007/978-3-658-25127-7_7

voller Ausstattung günstig angemietet werden. Andere arbeiten im Hobbykeller oder der zum privaten Labor umfunktionierten Garage, weshalb auch gerne von Garagenlaboren gesprochen wird. Damit wird auch auf die Zeit der 1970er Jahre verwiesen, als Pioniere wie Bill **Gates** mit Steve **Ballmer** Microsoft und Steve **Jobs** mit Steve **Wozniak** Apple gründeten und den Computer in einen Personal Computer verwandelten. Der Nimbus der innovativen Garagenwissenschaften hat immer auch etwas Verborgenes. Und hier liegt das Problem, wenn es um Gentechnologie geht. Auf der einen Seite ist es zu begrüßen, dass sich Interessierte finden, die sich mit der Gentechnologie beschäftigen möchten. Die Schwierigkeit liegt darin, dass man das Herunterladen einer Anleitung zur gentechnischen Veränderung eines Organismus nicht mit einem Backrezept vergleichen kann. Ein missratenes Essen mag die Gäste schrecken, ein misslungenes gentechnisches Experiment und das Weggießen der Reste in den Ausguss kann ungeahnte Folgen haben. Es geht im Mindesten um die Abschätzung des Risikos und dem entsprechend verantwortungsvollen Vorgehen. Im Jahr 2017 sorgte in Deutschland ein **Experimentierkasten** der Firma ODIN aus den USA für Aufsehen. Der Kasten kostet 159 US$ und enthält alle Komponenten, um mit dem CRISPR/Cas-System (siehe Kap. 3) ein Bakterium genetisch zu verändern. In den zehn Experimentierstunden, die wegen der Bakterienanzucht über zwei Tage verteilt liegen, wird ein Bakterium (das seit Jahrzehnten sehr gut untersuchte Darmbakterium *Escherichia coli*) gegen das Antibiotikum Streptomycin resistent gemacht. Bei den verwendeten Bakterien handelt es sich um einen Sicherheitsstamm, der weder den menschlichen Darm besiedeln kann, noch außerhalb des Labors lebensfähig ist. Das Experiment selbst basiert auf Forschungsergebnissen aus dem Jahr 2013[3]. In den USA ist das Experiment nicht reguliert und es gibt Videos auf YouTube, wo der Versuch beispielsweise in der Küche durchgeführt wird, die Küche also zu einem *Biohack-Space* wird. In Deutschland ist dies nicht erlaubt, sondern es bedarf eines gentechnischen Sicherheitslabors der Stufe 1 und eines sachkundigen Wissenschaftlers. Sonst kann eine Geldbuße von bis zu 50.000 EUR, bei Freisetzung eines GVO sogar drei Jahre **Freiheitsstrafe** verhängt werden. Dass dies gut ist, zeigte sich Ende 2016, als das Bayrische Landesamt für Umwelt und Verbraucherschutz feststellte, dass neben den erwarteten *Escherichia coli* Bakterien auch krankheitserregende Vertreter wuchsen.

---

[3]Jiang W, Bikard D, Cox D et al. (2013) RNA-guided editing of bacterial genomes using CRISPR-Cas systems. Nature Biotechnology 31:233–239.

Offensichtlich waren die gelieferten Bakterien **verunreinigt.** Daraufhin wurde der Import des Experimentierkastens reglementiert. Das Europäische Zentrum für die Prävention und Kontrolle von Krankheiten (ECDC, *European Centre for Disease Prevention and Control*) hat im Mai 2017 eine Risikobewertung durchgeführt und ist zu dem Schluss gekommen: „*[…] the potential contribution of the contaminated kit to the increasing burden of antimicrobial resistance in the EU/ EEA is marginal, and the associated public health risk is considered very low.*" ([…] der potenzielle Beitrag des kontaminierten Kits zur zunehmenden Belastung durch Antibiotikaresistenzen in der Eupäischen Union bzw. im Europäischen Wirtschaftsraum ist gering und das damit verbundene Risiko für die öffentliche Gesundheit wird als sehr gering eingeschätzt). Es ist also Vorsicht geboten, es besteht aber keine Gefahr. Der Vorfall hat aber auch etwas anderes gezeigt: Das Bayrische Landesamt hat deutschen DIY-Biologen Zugang zu den detaillierten Ergebnissen verwehrt. Daraufhin haben sie sich an das renommierte Europäische Molekularbiologie Labor (EMBL) in Heidelberg gewandt und konnten dort in Sicherheitslaboren mit sachkundigen Wissenschaftlern die Verunreinigungen durch DNA-Sequenzierung beschreiben. Es ist dieser **offene Dialog** zwischen Wissenschaftlern und DIY-Biologen, der erfreulicherweise frischen Wind in die Gentechnologie-Debatte im Speziellen und die Offenheit von Wissenschaft im Allgemeinen bläst[4].

Es muss aber bei aller Offenheit im Umgang mit Gentechnik klar definiert sein, wo die Grenzen sind. So hat sich der 28-Jährige, HIV-positiv getestete Tristan **Roberts** aus den USA am 18. Oktober 2017 in einem Facebook-Livestream[5] selbst gentherapiert. Er hat sich vor laufender Kamera ein nicht zugelassenes Therapeutikum der Firma *Ascendance Biomedical* aus Singapur gespritzt, das ein DNA-Fragment in seine Körperzellen einbaut, worauf diese einen Wirkstoff bilden. Es gibt zahlreiche ähnliche Fälle und die Motivation reicht von einer (möglicherweise nachvollziehbaren) **DIY-AIDS-Therapie** bis hin zur Hoffnung auf die ewige Jugend durch das Einbringen von Genkonstrukten, die Zellen zur Bildung entsprechender Hormone veranlassen. Die US-amerikanische Behörde für Lebens- und Arzneimittel (FDA[6], *Food and Drug Agency*) warnt offiziell vor solchen „eigenmächtigen Gentherapien".

---

[4]Editorial (2017) Biohackers can boost trust in biology. Nature 552:291–291.

[5]News2Share (2017) Biohacker Self-Administers Attempt at Gene-Therapy HIV Cure. https://www.facebook.com/N2Sreports/videos/1557343577706859/ Zugegriffen: 12.11.2018.

[6]Smalley E (2018) FDA warns public of dangers of DIY gene therapy. Nature 36:119–120.

Was Sie aus diesem *essential* mitnehmen können

Ich hoffe, dass Sie mit diesem *essential* einen Einblick in die gegenwärtigen Möglichkeiten der Gentechnik gewinnen. Faszination und Sorge, Möglichkeiten und Missbrauch, Demut vor dem Lebendigen und Verantwortung liegen nah beieinander. Dieses *essential* soll keine Antworten liefern, sondern zum Fragen verleiten – ich habe auch welche:

- Das **Lesen** des Erbguts von Lebewesen vermittelt faszinierende Einblicke in die Evolutionsgeschichte, beispielsweise des Menschen. Es ermöglicht auch die Bestimmung von genetischen Markern für Krankheiten oder beispielsweise kognitive Eigenschaften, die in der Diagnostik verwendet werden können. Dieses Wissen ist aber mit einer hohen Verantwortung verbunden, wenn es etwa um die Pränatal- oder Präimplatationsdiagnostik sowie um die Vermarktung geht. Wann wird aus Diagnostik Zucht durch gezielte Selektion?
- Das **Editieren** von Erbinformation, etwa mittels der Genchirurgie, kann dazu genutzt werden, Lebewesen gezielt zu verändern. Die Einfachheit der Anwendung bietet Chancen, etwa in der Tier- und Pflanzenzucht, und Risiken, etwa beim Einsatz des *Gene Drive*. Zudem ermöglicht die Genchirurgie die Heilung genetischer Erkrankungen – etwa am menschlichen Embryo. Dürfen wir das wollen?
- Mit dem **Schreiben** von nie da gewesener Erbinformation *(new to nature)* im großen Maßstab befasst sich die synthetische Biologie. Dieser neue Zweig der Gentechnik will dieselbe methodisch revolutionieren – und lockt Laien auf den Plan, die mitmachen wollen. Wie soll die Liberalisierung der Bio- und Gentechnik gesteuert werden?

© Springer Fachmedien Wiesbaden GmbH, ein Teil von Springer Nature 2019
R. Wünschiers, *Gentechnik*, essentials,
https://doi.org/10.1007/978-3-658-25127-7

- Das Erbgut ist in einer Zelle und diese in einer **Umwelt**. Die neueste Erweiterung unseres Verständnisses von der Vererbung, die Epigenetik, stellt teilweise Jahrhunderte altes Wissen infrage – und gibt dem Lamarck'schen Prinzip der Vererbung zu Lebzeiten gewonnener Eigenschaften eine molekulare Grundlage. Müssen wir die Lebewesen-Umwelt-Interaktion neu denken lernen?

Literatur

Bygren LO, Kaati G, Edvinsson S (2001) Longevity determined by paternal ancestors' nutrition during their slow growth period. Acta Biotheor 49:53–59

Canela-Xandri O, Rawlik K, Tenesa A (2018) An atlas of genetic associations in UK Biobank. Nat Genet 50:1593–1599

Church GM (2012) Regenesis. Basic Books, New York

Cong L, Ran FA, Cox D et al (2013) Multiplex genome engineering using CRISPR/Cas systems. Science 339:819–823

Deane-Coe PE, Chu ET, Slavney A et al (2018) Direct-to-consumer DNA testing of 6,000 dogs reveals 98.6-kb duplication associated with blue eyes and heterochromia in Siberian Huskies. PLoS Genet 14:e1007648

Doudna JA, Sternberg SH (2018) Eingriff in die Evolution. Springer, Heidelberg

Editorial (2017) Biohackers can boost trust in biology. Nature 552:291

Fleckinger A (2018) Ötzi, der Mann aus dem Eis. Folio, Bozen

Gibson DG, Glass JI, Lartigue C et al (2010) Creation of a bacterial cell controlled by a chemically synthesized genome. Science 329:52–56

Graham L (2016) Lysenko's Ghost – Epigenetics and Russia. Harvard University Press, Cambridge

Hutchison CA, Chuang R-Y, Noskov VN et al (2016) Design and synthesis of a minimal bacterial genome. Science 351:1414–1425

Internationales Monsanto Tribunal. https://de.monsantotribunal.org. Zugegriffen: 12. Nov. 2018

Jiang W, Bikard D, Cox D et al (2013) RNA-guided editing of bacterial genomes using CRISPR-Cas systems. Nat Biotechnol 31:233–239

Jinek M, Chylinski K, Fonfara I et al (2012) A Programmable dual-RNA-guided DNA endonuclease in adaptive bacterial immunity. Science 337:816–821

Karberg S (2018) Crispr ist nicht immer Gentechnik. Der Tagesspiegel. https://www.tagesspiegel.de/wissen/europaeischer-gerichtshof-vor-der-entscheidung-crispr-ist-nicht-immer-gentechnik/20864058.html. Zugegriffen: 12. Nov. 2018

Kegel B (2015) Epigenetik. DuMont, Köln

Levy S, Sutton G, Ng PC et al (2007) The diploid genome sequence of an individual human. PLoS Biol 5:e254

© Springer Fachmedien Wiesbaden GmbH, ein Teil von Springer Nature 2019   43

R. Wünschiers, *Gentechnik,* essentials,

https://doi.org/10.1007/978-3-658-25127-7

Liang P, Xu Y, Zhang X et al (2015) CRISPR/Cas9-mediated gene editing in human tripronuclear zygotes. Protein Cell 6:363–372

Lucock M, Yates Z (2005) Folic acid – vitamin and panacea or genetic time bomb? Nat Rev Genet 6:235–240

Makarova KS, Grishin NV, Shabalina SA et al (2006) A putative RNA-interference-based immune system in prokaryotes: computational analysis of the predicted enzymatic machinery, functional analogies with eukaryotic RNAi, and hypothetical mechanisms of action. Biol Direct 1:7

Nakamura T, Liu Y-J, Nakashima H et al (2012) PGC7 binds histone H3K9me2 to protect against conversion of 5mC to 5hmC in early embryos. Nature 486:415–419

News2Share (2017) Biohacker self-administers attempt at gene-therapy HIV cure. https://www.facebook.com/N2Sreports/videos/1557343577706859/. Zugegriffen: 12. Nov. 2018

Open Source Seeds. https://www.opensourceseeds.org. Zugegriffen: 12. Nov. 2018

Pääbo S (2015) Die Neandertaler und wir. Fischer, Frankfurt a. M.

Pedersen M, Phillips A (2009) Towards programming languages for genetic engineering of living cells. J R Soc Interface 6:S437–S450

Reeves RG, Voeneky S, Caetano-Anollés D et al (2018) Agricultural research, or a new bioweapon system? Science 362:35–37

Ronald PC, Adamchak RW (2018) Tomorrow's table. Oxford University Press, New York

Shinagawa H, Makino K et al (1987) Nucleotide sequence of the iap gene, responsible for alkaline phosphatase isozyme conversion in *Escherichia coli*, and identification of the gene product. J Bacteriol 169:5429–5433

Simon S, Otto M, Engelhard M (2018) Synthetic gene drive: between continuity and novelty: Crucial differences between gene drive and genetically modified organisms require an adapted risk assessment for their use. EMBO Rep 19:e45760–e45764

Slon V, Mafessoni F, Vernot B et al (2018) The genome of the offspring of a Neanderthal mother and a Denisovan father. Nature 561:113–116

Smalley E (2018) FDA warns public of dangers of DIY gene therapy. Nature 36:119–120

Sniekers S, Stringer S, Watanabe K et al (2017) Genome-wide association meta-analysis of 78,308 individuals identifies new loci and genes influencing human intelligence. Nat Genet 49:1107–1112

Trojok R (2016) Biohacking – Biotechnologie für alle. Franzis, Haar bei München

Tumpey TM (2005) Characterization of the reconstructed 1918 Spanish Influenza Pandemic Virus. Science 310:77–80

Venter JC (2009) Entschlüsselt: mein Genom, mein Leben. Fischer, Frankfurt a. M.

Watson JD (2011) Die Doppel-Helix. Rowohlt, Reinbek bei Hamburg

Wheeler DA, Srinivasan M, Egholm M et al (2008) The complete genome of an individual by massively parallel DNA sequencing. Nature 452:872–876

Wilkinson DM, Nisbet EG, Ruxton GD (2012) Could methane produced by sauropod dinosaurs have helped drive Mesozoic climate warmth? Curr Biol 22:R292–R293

Weiterführende Literatur

Allgemeines
Carroll SB (2008) Evo Devo: Das neue Bild der Evolution. University Press, Berlin
Diekämper J, Fangerau H, Fehse B et al (Hrsg) (2018) Vierter Gentechnologiebericht. Nomos, Baden-Baden
Henderson M (2010) 50 Schlüsselideen Genetik. Spektrum Akademischer, Heidelberg
Mukherjee S (2017) Das Gen. Fischer, Frankfurt a. M.
Schmid RD (2016) Taschenatlas der Biotechnologie und Gentechnik. Wiley,Weinheim
Relevante Belletristik
Bacon F (2013) Neu-Atlantis. Reclam, Stuttgart (Original aus dem Jahr 1624)
Ishiguro K (2016) Alles, was wir geben mussten. Heyne, München
Suter M (2017) Elefant. Diogenes, Zürich
Verwandte*essentials*
Ableitner O (2014) Einführung in die Molekularbiologie. Springer Fachmedien, Wiesbaden
Gramer G, Hoffmann G, Nennstiel-Ratzel U (2015) Das erweiterte Neugeborenenscreening. Springer, Wiesbaden
Heberer B (2015) Grüne Gentechnik. Springer Spektrum, Wiesbaden
van der Ven K, Pohlmann M, Hößle C (2017) Social freezing. Springer Fachmedien, Wiesbaden